Unser Haus

Karin Jung

Unser Haus

Das große Ideen-Buch zum Planen und Bauen

mit Beiträgen von:

Gunnar Brand
Mona Grosche
Eva Kahl
Wolfgang Mandl
Louis Saul
Noelani Waldenmaier

Deutsche Verlags-Anstalt

Inhalt

PROJEKTE

Das Haus – bauen, wohnen, schöner leben

Deutschlands erstes Bauherren-Magazin erleichtert seit bald 70 Jahren den Dialog zwischen Laien und Experten und hilft, beim Planen und Bauen von Familienhäusern richtige Entscheidungen zu treffen – technisch und energetisch, ästhetisch und finanziell. Dem dient auch der Wettbewerb *Das Goldene Haus*, der seit 1983 jährlich die Erfahrungen erfolgreicher Bauherren erschließt und damit Maßstäbe setzt.

Oben: Titelseiten von *Das Haus*
von den 1950er-Jahren bis heute

Liebe Leserin, lieber Leser,

träumen Sie auch vom eigenen Haus für Ihre Familie? Es gehört Mut dazu, solch ein großes Projekt anzugehen. Schließlich bindet man sich sehr lange, auch finanziell. Aber die Mühe lohnt sich.

Auf dem Weg zu Ihrem Traumhaus kann Ihnen dieses Buch eine wertvolle Hilfe sein. Wenn Sie Lust haben, nehmen Sie es immer wieder zur Hand, schauen Sie sich Grundrisse und Details an. Jedes Mal werden Sie noch mehr kreative Ideen entdecken, die Sie für Ihr Vorhaben nutzen können.

Zunächst wird man erst einmal Informationen und Inspirationen sammeln, Wünsche konkretisieren, möglichst viel Wissen über das Bauen oder Umbauen zusammentragen und sich gute Fachleute hinzuholen. Es gilt, viele wichtige Fragen zu klären. Wie können Sie Qualität erkennen? Wie die Wohnqualität vorab einschätzen? Gutes von Langweiligem oder gar Ärgerlichem unterscheiden? Schließlich möchten Sie das bestmögliche Ergebnis erhalten.

Dass dies trotz engem Budget – und oft gerade deswegen – gelingen kann, beweisen die 21 Baufamilien, die ihre Häuser für Sie in den Hausreportagen öffnen. Äußerst hilfreich ist das »Probewohnen im Kopf«. Dazu spazieren Sie anhand der Fotos im und um das Haus herum, sehen sich die Grundrisse genau an. Wie freundlich werden Bewohner und Besucher empfangen, wenn sie die Haustür öffnen? Was sehen Sie vom Sofa aus oder beim Kochen? Wie viel Helle und Ausblick schenken bodentiefe Fenster im Vergleich zu Standardöffnungen mit Brüstung? Wie ist es, durch einen großzügigen Luftraum vom Erdgeschoss direkt in die Etage darüber zu blicken?

Präsentiert werden die schönsten und besten Häuser aus Das Haus. Alle sind vorbildlich. Viele stammen aus dem Wettbewerb Das Goldene Haus, mit dem die Redaktion die Suche nach den besten neuen und umgebauten Häusern seit über 30 Jahren perfektioniert hat.

Das Expertenteam von Das Haus hat zudem 15 der wichtigsten Themen rund ums Bauen für Sie zusammengetragen. Diese liefern Ihnen handfesten Rat und vielfältige Anregungen, wie Sie bei all diesen komplexen Fragen die Spreu vom Weizen trennen können; wie Sie erkennen, was zeitlos ist und was Bestand hat. Sie finden heraus, welches Haus zu Ihnen passt. Was es bei der Finanzierung zu beachten gibt. Ob die Baukosten und Ihr Budget übereinstimmen. Wofür sich die verschiedenen Materialien eignen. Wie Sie Grundrisse richtig »lesen«. Welche Pluspunkte durch die Zusammenarbeit mit einem Architekten entstehen. Wer die unterschiedlichen Tätigkeiten auf der Baustelle ausführt. Und vieles mehr.

Bei der Entdeckungsreise durch dieses Buch wünschen wir Ihnen viel Vergnügen und besten Erfolg beim Verwirklichen Ihres Traums. Bleiben Sie mutig. Denn das eigene Haus schafft höchste Wohnqualität und schenkt Freiheit – ein Leben lang!

Karin Jung

Was bleibt, was ist zeitlos?

Wie soll man als zukünftiger Bauherr auch nur ahnen, was gute und weniger gute Architektur ist? Ob Sie sich in 30 Jahren noch wohlfühlen? Ob Ihr Haus die Veränderungen in der Familie problemlos mitmacht? Ob andere Leute denken: So möchte ich auch mal bauen? Kommen Sie mit auf eine Zeitreise zu gelungenen Häusern aus den letzten Jahrzehnten.

ZEITLOS Ein Haus zu bauen ist etwas anderes, als ein Auto zu kaufen. Das Auto steht schon da, Sie können es probefahren und problemlos verschiedene Hersteller und Modelle testen. Farbe, Felgen und Innenausstattung auszuwählen wird Ihnen leicht gemacht. Ein Auto begleitet Sie nur wenige Jahre und ist letztendlich ein Gebrauchsgegenstand, der Sie von A nach B bringt. Ein Haus jedoch begleitet Sie, im besten Fall, einige Jahrzehnte. In Ihren eigenen vier Wänden verbringen Sie viel Zeit. Darum lohnt es sich, genau zu überlegen, was

auf lange Sicht Bestand hat. Die Architektur kann das Zusammenleben und Wohnen erleichtern, verbessern, in jedem Fall beeinflusst sie das Miteinander der Bewohner. Genau wie in der Mode oder bei Möbeln gibt es auch Trends in der Architektur. Nicht jede Entwicklung stellt sich als nachhaltig und sinnvoll heraus. Darum sollten Sie auf extravagante Formen, Details und ausgefallene Farbexperimente verzichten. Vielmehr sollte sich das neue Gebäude zurücknehmen und durch eine kluge Planung, zuverlässige Details und sinnvoll einge-

setzte Materialien zu überzeugen wissen. Der Wiener Architekt Otto Wagner prägte den Satz: »Etwas Unpraktisches kann nicht schön sein!« Seine beiden Wohnhäuser am Wiener Naschmarkt, die Postsparkasse und die von ihm geplanten U-Bahn-Stationen sprechen auch mehr als 100 Jahre nach deren Errichtung für sich.

GRUNDRISS Am einfachsten gelingt ein zeitloser Grundriss, wenn er einer einfachen Logik folgt. Beim ersten Blick auf den Plan sollten Sie die Struktur des neuen Hauses direkt erkennen. Vielleicht können Sie sogar in Gedanken durch das Haus gehen: Wie mag das Sonnenlicht diesen Raum verändern? Wie können wir die Räume möblieren? Einige Architekten bauen noch Modelle, das vereinfacht es, sich die räumliche Situation vorstellen zu können. In

Links: Über 100 Jahre alt: Der Winkelhof in der Eifel, behutsam saniert von Denzer & Poensgen. Typisch für die Eifel: Grauwacke als Material für die Wände. Farbig abgesetzte Faschen aus Naturstein geben der Fassade einen Rhythmus.

Oben: 1930er-Jahre: Haus bei München, mit klassischem Satteldach und verschobenen Baukörpern, geplant von Sep Ruf. Die Räume orientieren sich je nach Nutzung und Verlauf der Sonne in die verschiedenen Himmelsrichtungen. Dieses Konzept lässt das Haus auch im 21. Jahrhundert noch immer vorbildlich erscheinen.

Rechts: Damals war die offene Wohnküche von heute noch nicht vorstellbar. Zu strikt war die Rollenverteilung im Haushalt. Grundrisse bilden auch immer eine gesellschaftliche Entwicklung ab.

den meisten Fällen entlarvt sich ein schlecht geplanter Grundriss durch viele verwinkelte Räume, durch Wände, die ohne Grund verspringen, sodass Wandstummel entstehen, die nicht nutzbar sind. In den wenigsten Fällen stellen abgeschrägte Wände eine überzeugende Lösung dar, sondern meist genau das Gegenteil. So lässt sich kein Platz sparen, denn die Wandfläche auf der Rückseite ist oft nicht nutzbar.

DACHFORM Der Bebauungsplan gibt oft vor, ob ein Sattel-, Flach- oder Pultdach erlaubt bzw. sogar vorgeschrieben ist. Die Neigung der Dachflächen wird ebenso angegeben wie manchmal auch die Farbe der Dachziegel. Die Dachform bestimmt zu einem großen Teil das äußere Erscheinungsbild und hat so natürlich auch entscheidenden Einfluss auf den Grundriss. Das Dach bietet oft Spielraum und Möglichkeiten,

> *Etwas Unpraktisches kann nicht schön sein.*
>
> *Otto Wagner*

Oben: Die Fenster sind nicht bodentief. Eine Brüstung in 35 Zentimetern Höhe ermöglicht viel Ausblick in den Garten und bietet Abstellfläche für dekorative Dinge.

Links: Ende der 1950er-Jahre entstand dieser zweigeschossige Flachdachbau. Mit großen Glasflächen, einer gefassten Terrasse im Obergeschoss und der Materialkombination Holz/grauer Putz könnte das Haus genauso aus dem Jahr 2017 stammen.

Unten: Sichtbeton war schon Ende der 1960er-Jahre beliebt. Doppelhaushälften natürlich auch, hier ohne ein gemeinsames Satteldach. Ein überdachter Freisitz schiebt sich zwischen die beiden kubischen Häuser.

Rechte Seite: In den 1990er-Jahren ersetzten die Architekten Hild & K ein flaches Walmdach durch einen Aufbau. Die Edelstahlplatten werden heute noch immer glänzen.

Von Wünschen und Planungen

Zu Beginn ist das Planen (noch) ein Wunschkonzert. Machen Sie sich Gedanken, wie Sie später wohnen möchten.

Offener Grundriss oder abgeschlossene Zimmer? Darf das Haus großzügiger sein oder muss auf kleiner Fläche möglichst viel untergebracht werden? Soll man es später in zwei Wohnungen teilen können? Oder nur eine Einliegerwohnung abtrennbar sein? Bewohnen Sie Ihr Haus nur für eine Lebensphase und wollen es später vermieten oder verkaufen? Welche Materialien bevorzugen Sie? Wie groß sollen die Fenster sein? Klassisch mit Brüstung oder – wie es derzeit auf vielen Wunschlisten ganz oben steht – bodentief?

Je intensiver Sie sich mit diesen Themen beschäftigen und für sich viele Fragen beantworten, desto genauer können Sie den Architekten mit Ihren Vorstellungen füttern. Aus Ihren Wünschen formuliert er Räume und entwirft Ihr maßgeschneidertes Haus

durch Gauben oder Anhebungen die Nutzfläche zu erweitern. Selten tragen diese jedoch dazu bei, einem Haus ein ansprechendes Aussehen zu verleihen. Auch ist der Nutzen solch eigenwilliger Dachformen, die jeder bei einem Rundgang durch Neubaugebiete schon gesehen hat, eher zweifelhaft. Jeder Eingriff in die Dachhaut kostet Geld und erschwert es dem Dachdecker/Spengler, das Dach abzudichten.

Sicherlich kommt das klassische Satteldach am häufigsten zur Ausführung. Es kann flach geneigt sein oder steil aufgestellt. Der Höhe des Kniestocks/ Drempels bestimmt, wie gut die Räume unter der Dachschräge nutzbar sind.

Hartnäckig hält sich das Gerücht: Flachdächer sind undicht! Das stimmt

nur dann, wenn sie falsch konstruiert sind und das Wasser nicht ablaufen kann. Die wasserableitende Schicht sollte ein Gefälle von 2 bis 3 Prozent haben, dann ist auch ein Flachdach dicht.

FASSADE Bei einem gut geplanten Grundriss zeigt sich auch die Fassade harmonisch und klar. Denn oft entwirft ein Architekt von innen nach außen. Die Fenster sitzen dann meist auch optisch an den richtigen Stellen und verleihen dem Äußeren eine Selbstverständlichkeit, die sich aus der inneren Nutzung ableitet. Fenster müssen nicht immer alle auf einer Linie liegen, um die Ansicht zu beruhigen! Ein Haus sollte einfach, aber nicht einfach gestrickt sein. Um so entwerfen zu können, braucht es große Erfahrung und ein Gefühl für Proportionen, für Formen, die sich ergänzen und aufeinander abgestimmt sind.

BAUWEISE Die Art der Konstruktion ist entscheidend für das Erscheinungsbild eines Gebäudes. Denn ob die tragenden Wände aus Holz oder Stein konstruiert sind, macht einen Unterschied und sollte schon beim Entwerfen mitbedacht werden. Ebenso Material und Farbe der Fassade: mit Ziegel verklinkert, in Sichtbeton, mit Holzleisten oder Schindeln verkleidet, mit großformatigen Blechtafeln belegt oder verputzt. Je nach Material kann das Haus ganz anders wirken und bekommt ein komplett anderes Aussehen. Fragen, die Sie sich stellen können: Wie verändert die Fassade sich mit den Jahreszeiten? Wie sieht sie bei Frühlingssonne aus und wie im grauen Winter? Form und Material sollten unbedingt aufeinander

abgestimmt sein. Wenn Sie Materialien wählen, die leicht und regional erhältlich sowie für die Handwerker einfach zu verarbeiten sind, wird sich dies automatisch und langfristig gesehen als dauerhafte und ökonomisch sinnvolle Lösung erweisen.

Viele einzelne Punkte, die man als Laie vielleicht nicht gleich miteinander in Verbindung bringt, bestimmen also in hohem Maß mit, ob ein Haus die Chance hat, zeitlos zu wirken.

AUGEN AUF ... Begeben Sie sich auf eine Exkursion und schauen Sie sich viele Häuser an – nicht nur in Zeitschriften, sondern direkt vor Ort. Wenn Sie ein Haus sehen, das Ihnen gefällt, klingeln Sie einfach. Die meisten Besitzer öffnen Ihnen gern die Tür und zeigen das Haus von innen. Genauso gern berichten ehemalige Bauherren vom Bauprozess. So können Sie fragen, ob und was sie bei dem Gebäude verändern würden. Sie erfahren, mit welchen Architekten und Handwerkern das Haus entstanden ist und ob sie diese empfehlen können. Jährlich, immer Ende Juni, organisiert die Architektenkammer bundesweit den Tag der Architektur. Bauherren öffnen dann ihre Türen,

und Sie können ausgewählte Häuser besichtigen. Das ist so ähnlich wie eine Probefahrt beim Autokauf. Sie lernen Architekten kennen und gewinnen einen ersten Eindruck, ob Sie vielleicht mit diesem oder jener bauen möchten. Darüber hinaus gibt es bei allen deutschen Kammern ausführliches Informationsmaterial für Bauherren: sowohl online als auch in gedruckter Form. Die Architektenkammern bieten darüber hinaus eine Seminarreihe »Vom Traum zum Haus« an, bei der Sie sich zu vielen wichtigen Punkten rund um das Thema Bauen informieren und Experten Fragen stellen können. Bei diesen Workshops erfahren Sie als angehender Bauherr viel darüber, was gut geplante Architektur ausmacht, entwickeln ein Verständnis, wie komplex die Aufgabe ist, und wer die am Hausbau beteiligten Personen sind. Nutzen Sie diese Möglichkeiten frühzeitig. Es wird Ihnen sicher den Weg zum eigenen, für Sie entworfenen Haus erleichtern.

Architektur ist dann gut und zeitlos, wenn sie sich keinen Trends unterwirft.

Rechts: Transformation alpenländisches Bauens in unsere Zeit: Holzhaus am Schliersee von 2010 – traditionell bayerisch und doch ohne Alpenchic, von den Architekten von Meier Mohr.

Unten: Klassisch nordisches Understatement, Baujahr 2014: Die Architektin Alexandra Bub ließ im Erdgeschoss jede zweite Ziegelreihe wenige Zentimeter vorstehen. So bekommt das Haus Leichtigkeit.

Von Raum zu Raum

War früher wirklich alles besser? In der Küche kochte die Mutter,
im Esszimmer aß die Familie. Der Stolz der Hausherren war die eichenbraune
Schrankwand im Wohnzimmer, und samstagabends schauten alle
zusammen »Wetten, dass ..?«. Jeder Raum hatte seine klar definierte Aufgabe.
Gut, dass sich in den letzten Jahrzehnten vieles verändert hat!

Heute wünschen sich viele Baufamilien offene Räume, die ineinander fließen – ein Modell, das keine Neuheit des 21. Jahrhunderts ist, sondern schon in der Moderne von Le Corbusier, Mies van der Rohe & Co. angewandt wurde.

Zwar hat auch heute noch jeder Raum im Haus seine spezielle Aufgabe. Mit einer intelligenten Planung lassen sich Zimmer aber durchaus mehrfach nutzen. Ein Geheimnis, warum Altbauwohnungen aus der Gründerzeit so beliebt sind: Die Räume sind nutzungsneutral geplant und können dadurch flexibel als Kinder-, Wohn-, Arbeits- oder Schlafzimmer genutzt werden. Wir stellen Ihnen die einzelnen Räume vor und zeigen teils ungewöhnliche Lösungen, von denen Sie sich inspirieren lassen können.

RAUMATMOSPHÄRE

Länge, Breite und Höhe geben einem Raum seine Dimensionen. Sich den Grundriss zweidimensional vorzustellen, gelingt den meisten noch. Denn oft kann man sich anhand der eingezeichneten Möblierung orientieren und hat Vergleichswerte. Schwieriger macht es einem die dritte Dimension. Ob die Deckenhöhe 2,50 oder 2,80 Meter hoch ist, kann einen Raum ganz anders wirken lassen. Ein vom Architekten gebautes, einfaches Modell aus Pappe hilft, sich die Räume besser vorstellen zu können. Seine wirkliche Atmosphäre und Wirkung allerdings bekommt ein Raum erst mit den Materialien von Boden-, Decken- und Wandflächen. Um eine Vorstellungskraft dafür zu entwickeln, bedarf es schon einiges an Übung und Erfahrung und ist selbst für Fachleute oft eine große Herausforderung. Auch hier können Sie sich eine Brücke bauen. Bestellen Sie sich bei den Herstellern möglichst große Materialmuster und Probeflächen. Mit einer Materialcollage bekommen Sie ein Gefühl, wie der Raum später aussehen könnte. So lassen sich recht einfach die verschiedenen Materialien und Oberflächen auf das Zusammenspiel von Farbe und Haptik überprüfen. Aufwand und die Mühe einer Materialcollage lohnen sich. Sie können das Material anfassen und riechen es. Sie können sich die einzelnen Zimmer besser vorstellen.

EINGANG

Die Redewendung: »Mit der Tür in Haus fallen« dürfen Sie ruhig wörtlich nehmen – um genau das Gegenteil zu machen. Schaffen Sie mit dem Eingang einen Bereich des Übergangs von außen nach innen, vom Öffentlichen ins Private. Sozusagen einen Zwischenraum, der den Spagat zwischen Sicherheit und Transparenz ebenso leistet, wie er den Gast Willkommen heißt. Natürlich sollte der Eingang von außen gut sichtbar sein. Ein Vordach bietet Schutz vor der Witterung, während man den Schlüssel sucht. Vom schnellen Annehmen der Pakete, einem kurzen Plausch mit den Nachbarn, dem Ablegen und Anziehen der Garderobe bis hin zu großen Begrüßungs- und Verabschiedungsgesten hat dieser Raum viele Aufgaben zu erfüllen. Gepflegtes Understatement ist hier gefragt, eine klug angeordnete Sitzfläche und ausreichend Stauraum für die Garderobe sollten unauffällig ihre Aufgabe erledigen.

Materialcollagen helfen, sich einen Raum vorzustellen.

Rechts: Praktisch und großzügig: Man erkennt den Besucher, und der Eingangsbereich ist hell. Der Einbauschrank nimmt, quasi unsichtbar, die Garderobe auf. Ein Stuhl oder eine Bank wäre hilfreich.

KOCHEN + ESSEN   Die Entwicklung der Küche vom abgeschlossenen Arbeitsraum zu einem kommunikativen Allzweckraum ist im Einfamilienhaus heute Standard. Hier trifft sich und spricht, arbeitet, kocht und isst die Familie und zelebriert das Erlebnis der gemeinsamen Mahlzeit. Soweit die Idealvorstellung vieler. Doch im hektischen Alltag leider oft nur am Wochenende möglich. Und, nicht zu vergessen, so eine offene Küche muss immer sauber und aufgeräumt sein! Wie wäre es, Küche und Esszimmer in einem Raum zusammenzulegen, ohne Verbindung zum Wohnzimmer? Oder die Renaissance der als altmodisch geltenden Durchreiche von der abgeschlossenen Küche zum Essplatz? Die kann Ihr Architekt auch ganz zeitgemäß planen. Und nicht zu vergessen: eine Speisekammer, in der Sie Lebensmittel lagern können.

Links: Küche und Essplatz in einem großen Raum: Das gemeinsame Kochen mit Freunden kann hier zelebriert werden. Der Luftraum über dem Esstisch verbindet die Etagen.

Unten: Das Bett der Kinder liegt in der »zweiten Etage«. Das Pultdach macht dies möglich. Die Kinder freuen sich über eine kleine Höhle, und in den Treppenstufen gibt es viel Stauraum.

Rechts: Statt einer Ankleide im Schlafzimmer befindet sich direkt hinter dem Bett die Bibliothek.

Unten: Ein Wohnzimmer nur zum Wohnen, heute fast schon Avantgarde. Hier kann man einfach nur lesen, sich unterhalten. Der Fernseher ist im Schrank versteckt, denn der Ausblick in den Garten ist verlockend.

WOHNEN Nicht immer muss es die ganz offene Wohndreifaltigkeit der ineinanderfließenden Bereiche Kochen, Essen, Wohnen sein. Ein abgetrenntes Wohnzimmer bietet viele Vorteile. Sie können ungestört lesen, fernsehen, arbeiten oder sich ungezwungen unterhalten – ohne von den Geräuschen des Lebens abgelenkt oder gestört zu werden. In der hektischen, direkten, vollvernetzten Welt, in der wir immer erreichbar sind, stellt das »Die Tür hinter sich zumachen« eine nicht zu unterschätzende Qualität dar.

SCHLAFEN Immerhin verbringt jeder Mensch etwa ein Drittel des Tages in diesem Zimmer, meist schlafend, um Geist und Körper zu regenerieren. Mit dezenter, aber richtiger Farbgestaltung, der optimalen Temperatur wie Belüftung und mit möglichst emissionsfreien Materialien sollten Sie sich etwas Gutes tun. Morgens von der aufgehenden Sonne geweckt zu werden, ist ein Traum und der beste Start in den Tag. Als praktisch im Alltag erweist sich ein begehbarer Kleiderschrank oder eine Ankleide. In jedem Fall eine Überlegung wert, vor allem bei mehr als zwei Kindern: separate Bäder für Eltern und Kinder.

KINDER Kein Zimmer im Haus durchläuft eine solch stete Wandlung wie das Kinderzimmer. Wie schnell entwachsen die Kinder dem Babybett, und auch der Platzbedarf für Kleidung und Spielzeug nimmt zu. Das Zimmer sollte sich auf die unterschiedlichen Bedürfnisse des älter werdenden Kindes einstellen können und sich schnell und unkompliziert umbauen lassen. Zugegeben, eine große und mitunter auch kostenintensive Herausforderung. Möglichkeiten sind ein Schreibtisch, der in der Höhe mitwachsen kann, oder das klassische Etagenbett, das sich flexibel nutzen lässt. Erst schläft das Kind unten und kann die Fläche oben als Spielplatz nutzen. Später dreht sich die Nutzung um. Kennen Sie Kinderfenster? Dies sind ganz normale Fenster, die allerdings direkt auf Höhe des Fußbodens platziert werden. So können die Kinder das Fenster in den ersten acht Jahren auch wirklich nutzen und rausschauen. Und wenn die Kinder groß sind? Streiflicht auf dem Boden ist eine der schönsten Arten der Belichtung.

BAD Heute mehr Wellnessoase als Badezimmer. Geduscht wird unter einem Wasserfall. Die Wohlfühllichtstimmung passt je nach Tageszeit ein Smart-Home-System an. Nach dem Sport gönnt man sich und seinen Muskeln noch 30 Minuten in der Infrarotkabine. Warum aber ist das WC noch so oft im Bad untergebracht? In Frankreich ein absolutes No-Go. Selbst im kleinsten Haus ist das WC immer separat. Die Fenster im Bad sind die kleinsten im ganzen Haus. Logisch, denn wer möchte bei der Körperpflege schon beobachtet werden. Wie wäre aber ein Oberlicht über der Dusche, von dem Sie aus in den Himmel blicken können? Gut, dass heute Badezimmer nicht mehr bis unter die Decke gefliest werden. Früher war eben doch nicht alles besser!

Ein Raum hat vier Dimensionen: Länge, Breite, Höhe – und Material.

Links: Ein steiles Satteldach bietet Raumpotenzial und will genutzt werden, statt als nutzloser Dachboden zu enden. Auf der Empore können Gäste schlafen, Kinder spielen, in der Nische gibt es einen Arbeitsplatz.

ARBEITEN – HOBBY – GÄSTE

Wenn es das Budget zulässt, erweist sich ein solch zusätzliches Zimmer als wahrer Segen im Alltag. In aller Ruhe im Home Office arbeiten, sich entspannt zu Lesen zurückziehen, Yoga machen oder meditieren, das Laufband oder den Cross-Trainer hier platzieren, Freunden, die zu Besuch kommen, unproblematisch ein Bett anbieten. Wenn eine komplette Wandseite mit einem Schrank ausgebaut wird, haben Sie zusätzlich riesige Stauflächen. Denken Sie daran: In einer offenen Küche finden selten Staubsauger, Putzsachen und weitere dringend benötigte Dinge für den Haushalt Platz. Klingt nach karierten Maiglöckchen? Mit cleveren Ideen und guter Planung kann es genau das werden!

Unten: Die Treppe kann mehr als nur die Etagen verbinden. Hier gehört sie zum Raum und bietet im Treppenauge Platz zum Sitzen. Klug, denn so spart man Fläche.

Oben: Was gibt es Schöneres, als in diesem »Freiraum« zu sitzen? Dafür muss es nicht immer sonnig und warm sein, denn er ist vor der Witterung geschützt und bei Sonnenschein setzen sie sich auf die offene Terrasse.

HAUSWIRTSCHAFTSRAUM

Wer auf den Keller verzichtet, benötigt Platz für die Haustechnik, die Waschmaschine und Staufläche für alles, was sonst im Keller gelagert wird. Wie wäre es, diesen Raum zwischen Garage und Küche einzuplanen? So können Sie den Einkauf direkt ins Haus transportieren. Wenn die Kinder mal wieder schmutzig vom Spielplatz kommen oder Sie von der Mountainbike- oder Wanderrunde, dient dieser Multifunktionsraum als perfekte »Schmutzschleuse«. Nicht sexy, aber enorm praktisch!

TREPPE

Kein echter Raum, aber wichtig dafür, dass die anderen Räume funktionieren. Am häufigsten ist wohl die gerade Treppe mit einem viertelgewendeten An- und Austritt. Sie mag Platz sparen, vor allem wenn an der Länge der Tritt- und Höhe der Setzstufen Zentimeter eingespart werden. Solche Treppen lassen sich jedoch nicht komfortabel gehen. Ein Verhältnis von 18 Zentimeter Stufenhöhe und 26/27 Zentimeter Auftrittsbreite stellt sicher, dass Sie bequem von einem ins nächste Geschoss kommen. Die gradläufige oder zweiläufige Treppe mit Eck-, Zwischen- oder Wendepodest sollte immer erste Wahl sein. An der Planung einer Treppe erkennen Sie das Können Ihres Planers. Neben den technischen Anforderungen hat eine Treppe enormes gestalterisches Potenzial, kann im Raum inszeniert werden und bietet außerdem viel Stauraummöglichkeiten.

TERRASSE

Um das Glück perfekt zu machen, braucht Ihr Haus natürlich auch eine Terrasse. Hier plaudern Sie mit den Nachbarn, grillen mit Familie und Freunden, trinken das verdiente Feierabendbier oder genießen einfach den Ausblick in den Garten. Es gibt die verschiedensten Ausführungen dieses Zimmers im Freien: einfach und praktisch mit großen Platten gepflastert, ein Holzdeck, verspielt-romantisch in Kopfsteinpflaster und von Gräsern und Sträuchern eingefasst, mit Markise oder Sonnenschirm oder natürlich die gute alte Pergola. In jedem Fall sollten Form und Material zum Haus passen. Lassen Sie die Terrasse am besten gleich von Ihrem Architekten mitplanen, denn dann verschmelzen Außen und Innen zu einer Einheit.

Neuer Mittelpunkt für die Familie

Wie Michael Ragaller und seine Frau Astrid
eine Doppelhaushälfte vom 20. Jahrhundert günstig
und perfekt ins neue Jahrtausend holten.

Von dunklen, engen und drückenden Räumen, von ramponierten Oberflächen darf man sich nicht abschrecken lassen – auch wenn das Verwirklichen heutiger Wohnwünsche schwierig scheint. Es kommt darauf an, das Wandlungspotenzial von Gebäude und Grundriss richtig einzuschätzen.

BESICHTIGUNG Eine vierköpfige Familie kam den Ragallers im Vorgarten entgegen. »So verkehrt kann das Haus also nicht sein«, dachte Michael Ragaller. Die Haustür saß zurückgesetzt und geschützt in der zweigeschossigen Fassade, öffnete sich zur geräumigen Diele. Neben der Einliegerwohnung links führte die massive Treppe in der Hausmitte nach oben – perfekt im Haus positioniert. Keller und Heizung steckten hinten im Hang. Im Hauptgeschoss darüber reihten sich Garderobe, WC, Kinderzimmer und Küche kleinteilig an der Straßenfront. Der ursprüngliche Bauherr hatte sich 1963 dafür an der Südseite einen damals ungewöhnlichen Luxus ge-

> »Wir investierten, wo nötig, und frischten lediglich auf, wo dies möglich war – die Holztreppe beispielsweise. So hielten wir die Umbaukosten im Zaum.«

Rechts: Neben dem Esstisch geht es hinaus auf den Balkon und nach rechts in die Küche. Im Farbkonzept aus weißen Flächen und Naturtönen setzt das samtig-matte Le-Corbusier-Grau einen Akzent, der die hohe Trennwand zum Nachbarn als Fläche akzentuiert.

Rechts unten: Das Öffnen der Decke kostete gut 13 Quadratmeter, brachte jedoch viel innere Größe, die man von außen nicht vermutet. Ein versierter Kunstgriff des Architekten, zusätzlich verstärkt durch das Dachflächenfenster.

Links: Die Kochinsel lässt sich umrunden, genau wie der Treppenblock. So wohnt man luftig, hat ungewöhnliche Durchblicke und damit Weite. Die vergrößerte Küche bietet komfortabel viel Platz und Stauraum.

Links unten: Eichenholzdielen umfassen den Treppenkern, die Holzstufen wurden kostensparend aufgefrischt. Den Heizkamin umgibt eine gemütliche Sitzbank. Hinter dem Sofa gibt die Glasschiebetür einen breiten Zugang zum Garten frei.

gönnt: ein Wohnzimmer von 37 Quadratmetern, fast ganz verglast zu Terrasse und Garten. An der Giebelwand zum Hauszwilling nebenan knickte der Essbereich mit 13 Quadratmetern nach Norden. Insgesamt viel Fläche, aber wenig Höhe. Neben dem Esstisch führte eine Holztreppe weiter hinauf ins 25 Grad flache Satteldach. Neigen sich Dächer weniger als 30 Grad und sitzen sie nicht erhöht auf einem senkrechten Wandstück, ist ein vernünftiger Ausbau schwierig. Dennoch überzeugten Grundstruktur und Substanz der Doppelhaushälfte; auch der Standort war optimal. Michael Ragaller kaufte die Immobilie.

LAGE Die Kleinstadt Waldenbuch liegt südlich von Stuttgart, am Rand des Naturparks Schönbuch. Vom Haus bis zum Büro des Bauherrn schleicher.ragaller architekten in der Stuttgarter City sind es 25 Kilometer, für die man ohne Stau eine halbe Stunde braucht. Arbeitsplatz und Natur sind nah; das Wohnviertel ist ruhig und eingewachsen.

UMBAUKONZEPT Der Architekt gewann durch einige kleine und drei größere Maßnahmen mehr Höhe, Licht und Weite, zudem modernen Komfort und Eleganz. Höhe: Er entfernte ein 13 Quadratmeter großes Stück der Wohnzimmerdecke. Das war einfach, da diese aus Holz bestand und nicht, wie im einstigen Baugesuch stand, betoniert worden war. So reicht der Luftraum dort heute bis unter den First: doppelte Raumhöhe gewonnen – und damit einen überraschenden Eyecatcher. Die beiden Kinderzimmer schlüpften unter das flach geneigte Dach. Zwei große, neue Gauben überspielen dieses Problem, schenken die nötige Kopffreiheit, machen die Dachräume gut nutzbar. Helligkeit: Die breiten Gaubenfenster lotsen viel Licht ins Innere. Neben den Gauben, genau über der Deckenöffnung des Wohnzimmers, setzte Ragaller ein großes Dachflächenfenster in die Schräge: Tageslicht flutet nun auf die neue Empore im Dachgeschoss, erhellt dort den Arbeitsplatz und dringt darunter bis zum Essplatz vor. Weite: Die Garderobe und das WC in der Hauptebene verschwanden, wie auch zwei Trennwände: Die Küche wuchs um 5 Quadratmeter. Das Ausräumen der kleinteiligen Struktur brachte

zwei weitere Pluspunkte: Wohnen, Essen und Kochen umfließen nun offen den zentralen Treppenblock, um den das Familienleben kreist. Zum anderen setzten sich Schlafraum und Gästezimmer sowie das dazwischen liegende, größere Bad klar als Trakt ab.

Das Gebäude zeigt heute bessere Proportionen als früher. Gut und günstig gemacht – dabei höchstes Wohnvergnügen gewonnen.

DATEN & FAKTEN
Grundstücksgröße: 850 m²
Wohnfläche: 190 m²
Zusätzliche Nutzfläche: 125 m²
Bewohner: 4 (ohne Einliegerwohnung im Eingangsgeschoss)
Reine Umbaukosten: 531 Euro (ohne Straßengeschoss, aber mit neuem Entree) je m² Wohn- und Nutzfläche (hochgerechnet für 2017)

Planung:
schleicher.ragaller architekten freie architekten bda
Charlottenplatz 6
70173 Stuttgart
www.schleicher-ragaller.de

Linke Seite unten: Die Gauben machen die Kinderzimmer unter der Schräge erst nutzbar und fielen darum groß aus. Durch Farbe und Form integrieren sie sich gut in die optisch ruhige Dachdeckung. Der Treppenblock mit dem neuen Heizkamin zentriert und gliedert das Hauptgeschoss.

Unten: Die Haustür liegt auf Straßenniveau, der Balkon dient als Vordach. Eine Festverglasung gewährt Einblick in das Entree mit neuen Zementfliesen und dem Garderobenschrank rechts.

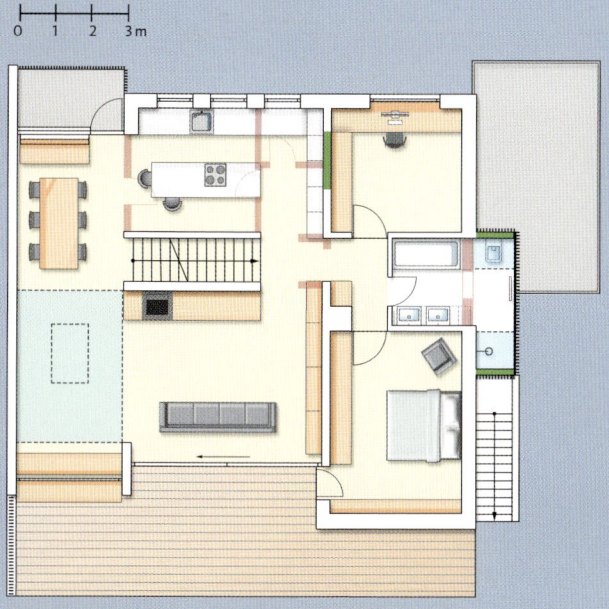

0 1 2 3m

Erdgeschoss

CLEVER ORDNEN
Das Wohnen spielt sich um den Treppenblock herum ab. Durch Abriss (rot markiert) von WC, Garderobe und zwei Küchenwänden avancierte die Erschließung zum Mittelpunkt. Wenn Bereiche nahtlos ineinanderfließen, erzielt man optisch mehr Weite, als eigentlich da ist, weil das Auge den nächsten Bereich immer mit erfasst. Deckenöffnungen (blau) schenken mehr Höhe. Im Wohnraum erlebt man innen Größe und Breite des Gebäudes. Schlaf- und Gästezimmer sowie das Bad legen sich als Ruhestreifen an die Giebelwand. Dort wurde ein Anbau addiert (grün markiert), der unten das Bad komfortabel vergrößert und oben als Balkon dient.

Raus aufs Land

In Deutschland leben drei Viertel der Menschen urban und nah zusammen. In diesen Gegenden explodieren Baupreise und Mieten. Jeder Quadratmeter zählt, die Natur verschwindet. Der Städteboom ist die andere Seite der Landflucht. Familie Heckmann wählte die Gegenrichtung und baute ihre Oase dort, wo sich der Ballungsraum zwischen Düsseldorf und Köln kurz entspannt.

Links: Die Kochinsel bietet rundum Arbeitsplatz für viele Personen – und viel Stauraum darunter. Beim Kochen und Essen schaut man über Terrasse, Garten und Wiesen bis zum Horizont.

Unten: Der Neubau präsentiert sich sympathisch schlicht mit Satteldach, angemessen ländlich – wie auch der Garten. So passt man sich der alten Bauweise im Bergischen Land an, zeigt dennoch die Entstehungszeit.

Hilden zählt zu den am dichtesten besiedelten Städten Deutschlands. Für Grün ist da wenig Platz. Das vermissten Jenny und Jens Heckmann, besonders wegen ihrer Söhne. Als das Paar ins 16 Kilometer entfernte Leichlingen kam, fühlte es sich sofort wohl. Die beiden entdeckten den Ortsteil Hülstrung – eine Hofschaft aus rund 50 Wohn- und Wirtschaftsgebäuden, die sich locker mischen. Den östlichen Siedlungsrand tangiert der Leichlinger Streuobstweg, der 9 Kilometer durch Wiesen und Felder mäandert. Die Heckmanns kauften dort ein fast 600 Quadratmeter großes Grundstück, setzten ein Wohnhaus darauf – und pflanzten im Garten zuerst einen Apfelbaum.

TRANSFER Wer sich dem Ort und seinen Traditionen derart nähert, geht auch beim Hausbau sensibel vor. Das Gebäude sollte zu den bestehenden passen und dennoch einen eigenen, unaufdringlichen Charakter zeigen. Die Familie beauftragte das Architekturbüro denzer & poensgen.

Es ist bekannt dafür, regionaltypisch und zeitgemäß zu bauen. Andrea Denzer und Georg Poensgen wussten, dass Grauwacke – ein Sandstein – und Holz in der Region oft vorkommen. Bei einer Ortserkundung fanden sie sich bestätigt durch das älteste Gebäude Leichlingens, das aus dem 16. Jahrhundert stammt und nur wenige 100 Meter vom Baugrund der Heckmanns entfernt steht. Der dazu passende, in feinen Farbtönen schillernde Sandstein des neuen Hauses kam jedoch aus einem Steinbruch im nahen Ahrtal.

KONZEPT Von der Straße aus steigt das Gelände nach Osten an. Die Planer übertrugen die Topografie nach innen. Der Wohnbereich liegt fast niveaugleich zur Straße. Hinter dem Heizkamin steigen fünf Stufen hinauf zu Essplatz und Küche, von wo es barrierefrei hinaus in den Garten geht. Die Sonne blinzelt auf den Frühstückstisch, abends flutet sie durch das Wohnzimmerfenster von der Straßenseite herein. Dessen hohe Brüstung verhindert Einblicke, erlaubt jedoch im Stehen und von der erhöhten Essplattform den Blick auf die Straße. Der Familienraum erhält so Tageslicht aus zwei gegenüberliegenden Himmelsrichtungen. Planer bezeichnen dieses attraktive Prinzip als Durchwohnen und wenden es vor allem bei Etagenwohnungen an. Im Haus der Heckmanns bot es sich an, da der Südgiebel nur den Mindestabstand zur Grundstückgrenze hält und damit dicht am Nachbarhaus steht. Diese Seite bekam lediglich ein schmales Fenster für den Arbeitsraum im Obergeschoss. Dadurch wirkt die Giebelmauer mit dem Kamin wie eine geschlossene Haustrennwand.

Der gestufte Familienraum nimmt die eine Hälfte des quadratischen Grundrisses ein. Die andere Hälfte teilt sich symmetrisch. In der Mitte befindet sich die Haustür, zurückgesetzt und geschützt im Nordgiebel. Somit ergibt sich ein feines Trio der Durchblicke: Wenn man sich dem Haus nähert, ist durch Wohnzimmerfenster und Gartenfassade der Horizont zu sehen. Biegt man in den Weg zwischen Nebengebäude und Haus ein, so schaut man weiter bis zum Übergang vom Wiesengrün ins Himmelsblau. Betritt man rechter Hand das Haus, bieten sich 11 Meter Sicht bis zur anderen Außenwand. Die Firstrichtung längs der Straße machte diesen Entwurf möglich. Hätte man das Haus, wie die Nachbargebäude, giebelständig zur Straße gedreht, wären Dachstuhl und Giebel zu breit ausgefallen, um die bebaubare Fläche voll nutzen zu können. So aber zeigt der Neubau zur Straße nur Erdgeschoss plus Dach: kompakt, bescheiden und einfach gut.

»Wir identifizieren uns voll und ganz mit dem stimmigen Farb- und Materialkonzept unserer Architekten.«

Rechts: Im Arbeitszimmer sieht man, wie gut das Innere des kompakten Hauses genutzt wird: Die Decke des Flurs dient im Dachspitz als Empore – hier schmal als Bücherregal und rückseitig, im anderen Zimmer, als tiefer Stauraum.

Unten: Der Wohnbereich mit dem Kaminblock befindet sich etwa auf Straßenniveau. Fünf Stufen und rund 85 Zentimeter höher liegt das restliche Erdgeschoss mit barrierefreiem Zugang in den Garten.

Oben: Am Holztisch treffen sich die Heckmanns, er ist Zentrum des Familienlebens. Alle Materialien sind nachhaltig ausgewählt und ermöglichen gesundes und attraktives Wohnen.

Unten: Was man liebt, das zerstört man nicht. Heckmanns und ihr Planer-Duo bewahrten und bereicherten das ländliche Idyll mit einem passenden Haus. Und sie achteten darauf, den Passanten weiterhin den gewohnten Ausblick in die Landschaft zu ermöglichen.

DATEN & FAKTEN

Grundstücksgröße: 600 m²
Wohnfläche: 147 m²
Zusätzliche Nutzfläche: 46 m²
Bewohner: 4
Reine Baukosten: 2382 Euro je m² Wohn- und Nutzfläche (hochrechnet für 2017)
Ökomaßnahmen: Solarkollektoren für Heizung und Trinkwassererwärmung

Planung:
denzer & poensgen
Zum Rott 13
53947 Marmagen
www.denzer-poensgen.de

Ausführung: Verena Bick Architektur
Aquinostraße 12
50670 Köln
www.verenabick.de

TRANSFER

Das Ensemble aus quadratischem Haupthaus mit Grauwacke-Fassaden (Sandstein) plus Holzschuppen als Kellerersatz und Zweiradgarage entwickelt die örtliche Bauweise weiter. Das Splitten in Wohnen und Wirtschaften, das Materialduo sind ortstypisch, wie auch die einfache Gebäudeform. Ein vorbildliches Wechselspiel von Tradition und Moderne.

WEITBLICK

Alle Maße innen und außen sind aufeinander abgestimmt. So entsteht eine unbewusst wahrgenommene Harmonie – und die Handwerker tun sich leichter. Im Familienraum etwa zeichnet sich der Geländeverlauf mit fünf Stufen ab; der Weg vom Haus zum Sitzplatz steigt an. Der Pfad führt von der Straße bis zur Grundstücksgrenze und gibt auch Passanten die einzigartige Aussicht auf Felder und Landschaft frei.

Erdgeschoss

Neue Freiheit

40 Jahre nach seiner Errichtung zeigt der Bungalow nun auch außen den Charakter, der zum Bautyp passt – zu dem von Anfang an guten Innenleben. Durch Ergänzen der banalen Gebäudeform entstanden attraktive Zwischenzonen, die Haus und Garten wohnlich koppeln.

Links: Prinzip Ergänzung: Die Terrasse auf der Ostseite und eine zweite gegenüber auf der Westseite vervollständigen Gebäude und Außenräume zum Quadrat; die Attika betont die Form. Öffnungen im Flachdach lassen Licht und Regen passieren.

Unten: Verwandlung und selbstbewusstes Bekenntnis zum Gebäudetyp Bungalow. Nun passt das Äußere endlich zu den inneren Qualitäten. Ein Vorherfoto ist auf Seite 35 zu sehen

Ende der 1950er-Jahre baute man Bungalows und Flachdächer in Deutschland. Innerhalb weniger Jahre entwickelte sich ein Boom, zu dem der Bonner Kanzlerbungalow, geplant von Architekt Sep Ruf, viel beitrug. Das Gebäude signalisierte mit seiner leichten, klaren Bauweise und den quadratischen Baukörpern Offenheit und zeitlose Eleganz. Es war international ohne Vorbild. Beim alltäglichen Bauen verlor der Typ Bungalow jedoch rasch an Profil: Er wurde abgewinkelt und gestaucht, bekam statt Flachdach oft ein Walmdach verpasst. Großzügig verglaste, leichte Wände wandelten sich in Mauern. So sah auch dieser Winkelbungalow in Xanten aus.

ERSTKONTAKT Angelika Pofalla-Rühmann und Werner Pofalla wollten sich räumlich verkleinern, nachdem die Kinder flügge waren. Immer, wenn sie ein Haus oder Grundstück in und um Xanten entdeckten, besichtigten sie dieses gemeinsam mit dem Architekten André Lemmens.

»Im Sonnenschein frühstücken und abends die untergehende Sonne im Alkoven genießen – einfach traumhaft!«

Denn neben dem Gefühl der Bauherren für die neue Umgebung spielte die fachliche Analyse eine ebenso wichtige Rolle. Schon zwei Jahre hatte das Trio nach einem passenden Haus oder Bauland gesucht. Dann wurden sie fündig. Das Viertel war ruhig und eingewachsen, die Ausrichtung des großen Eckgrundstücks perfekt. Die Bausubstanz erwies sich als solide, die Qualität von Räumen und Grundriss überraschte, überzeugte Baupaar und Architekt gleichermaßen.

TRANSFORMATION Auf dem Rückweg ins Büro entwickelte André Lemmens bereits erste Ideen. Er wollte das Walmdach durch ein typgerechtes Flachdach ersetzen. Die Ziegelfassade sollte mit der traditionellen Schlämmtechnik, die in Vergessenheit geraten ist, verfremdet werden: Ziegelrot und Fugen verschwinden unter weißer Schlämme,

das Mauerwerk jedoch bleibt als dezentes Relief sichtbar. Das Baupaar begeisterte sich sofort dafür – bis heute.

Der Grundriss ließ sich leicht in unsere Zeit holen: Lediglich drei Wände wurden entfernt und vier Fenster vergrößert. Einbaumöbel und Eichenparkett lassen die Räume hell und großzügig wirken. Lemmens füllte den großen Winkel zwischen den Haustrakten mit einer Westterrasse und ergänzte so den Grundriss zum Rechteck. Außerdem verlängerte er die Ostseite mit einer zweiten Terrasse, vervollständigte Haus und Außenräume so zum Quadrat. Das Flachdach zeichnet diese Form genau nach. Es wurde an zwei Stellen so geöffnet, dass dort nur der Dachrand, die Attika, übrigblieb. Mit ihrem hellgrau vorpigmentierten Weißtannenkleid umschließt sie den eingeschossigen Bau rundum. Die quadratische Dachöffnung über der Westterrasse sitzt

Links: Drehbare Lamellen lassen sich zur Fläche schließen oder gerade ausrichten für maximalen Durchblick und Lichteinfall. Sie bilden außerdem einen Zwischenraum von besonderem Reiz.

Rechts: Der Schreiner hatte viel zu tun: Wände bekleiden und dabei Schiebetüren einbauen, zum Beispiel im Entree, außerdem passte er Schränke und Regale ein. Alles ist perfekt gelungen, vom Beschlag bis zur Sockelleiste.

Rechts unten: Blick quer durchs Haus: Vom westlichen Freisitz, durch die Schiebetür, über die Sitzgruppe im Wohnzimmer hinweg, am Essplatz vorbei zur Frühstücksterrasse und zum Bonsai-Beet im Garten.

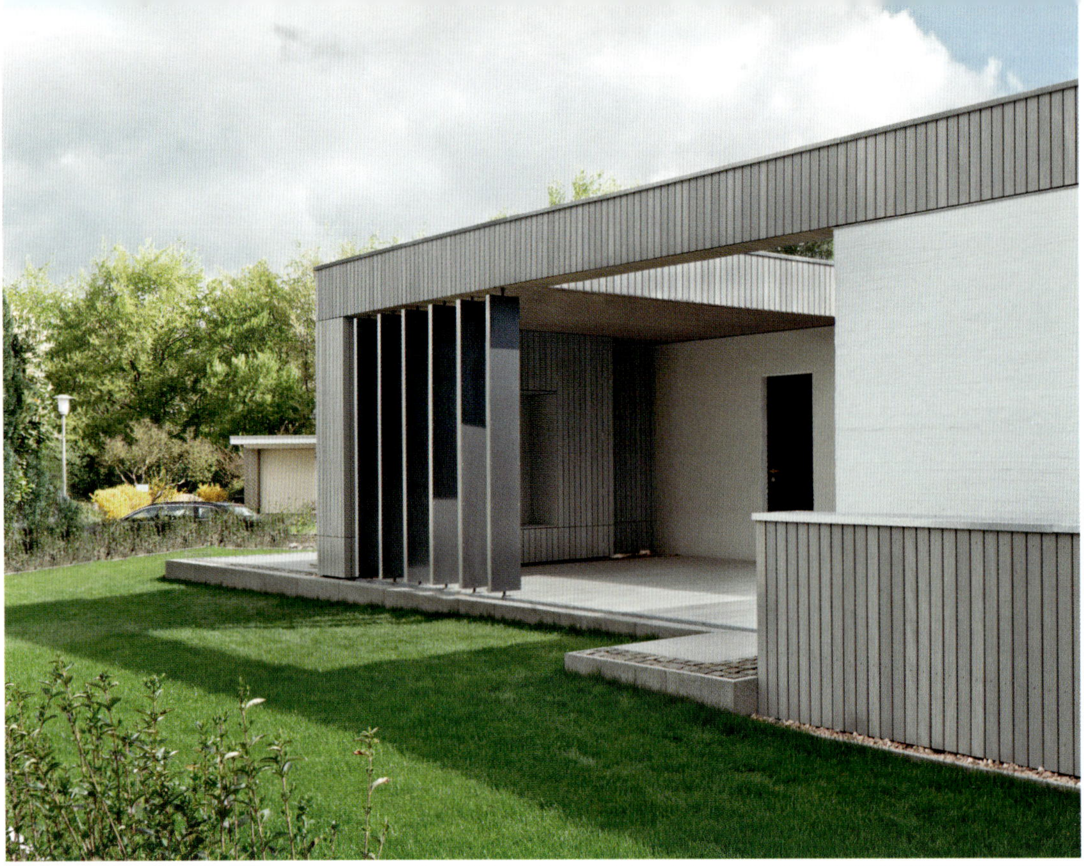

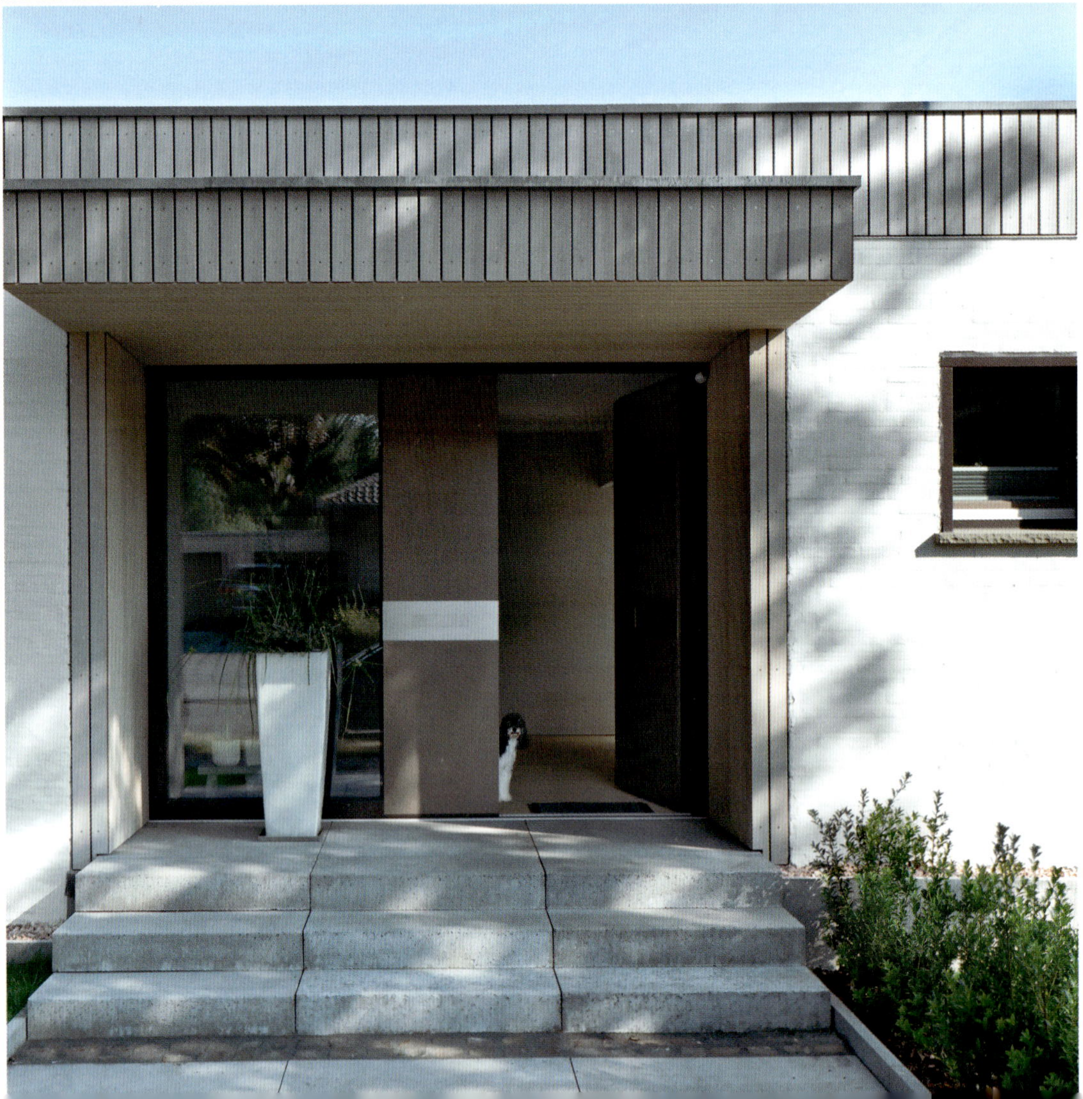

Links: Sommerzimmer: Eine Flachdach-öffnung, in die auch bald der Hausbaum wachsen wird (nicht im Bild), erhellt die Wohnräume. Die wetterfeste Schrankwand (links) dient als Sitzbank, Stauraum und Abtrennung zum Stellplatz.

Links unten: Stilgerecht und freundlich begrüßt der Eingang Besucher und Bewohner. Das Vordach setzt ein Signal; früher befand sich die Haustür unter einem plumpen Dachüberstand.

Unten: Das Haus vorher – mit behäbigem Dach, Ziegelfassaden und Butzenscheiben veranlasste die Kaufinteressenten beinahe zum Umkehren. Doch die Lage überzeugte sie – und das Innere dann auch.

genau vorm Wohnzimmer und dem Schlafraum des Hausherrn: Tageslicht flutet hinein wie zuvor. Eine wetterfeste Schrankwand schottet nach Norden zum Autostellplatz ab, sie dient auch als Sitzplatz und Stauraum. Die zweite, rechteckige Dachöffnung über der Ostterrasse lässt Regen zum Gartenbeet durch und Helligkeit zum Kellerlichtschacht. Graue Drehlamel-

len, verspannt zwischen Attika und Terrassenboden, puffern zusammen mit dem Flachdach die Sonne: Steile Strahlen werden so zurückgehalten, die flache Wintersonne scheint jedoch tief in die Räume und wärmt diese. Bauphysik und Ästhetik schaffen so komfortablen Mehrwert.

Über 40 Jahre nach dem Bau wurde das Haus mit den beiden Terrassen endlich zu einem echten Bungalow: klare Gebäudeform, großzügiges und barrierefreies Wohnen, Innen- und Außenbereich verschränkt, schlichte Materialien – Understatement pur.

VEREINFACHEN
Leichter gesagt als getan: Dafür muss man Grundrisse verstehen, um an den richtigen Stellen Wände abreißen (rot markiert) und neue Wände einziehen zu können (grün markiert). So ändern sich die Räume, der Wohnwert steigert sich.

HINZUFÜGEN
Die Terrassen (hellgrün) vervollständigen die Gebäudeform: Der Winkel wandelt sich zum Quadrat. So entstehen Wohlfühlzonen zwischen innen und außen.

DATEN & FAKTEN
Grundstücksgröße: 855 m²
Wohnfläche: 107 m²
Terrassen: Ost 17 m², West 40 m²
Bewohner: 2
Reine Umbaukosten: 1707 Euro je m² Wohnfläche (hochgerechnet für 2017)

Planung:
Lemmens Architekten
Auf dem Sand 36 b
47533 Kleve
www.lemmens-architekten.de

0 1 2 3m

Grundriss

Welches Haus passt zu mir?

Sie wollen bauen, wissen aber nicht, wo Sie anfangen sollen?
Dann notieren Sie Wünsche, kalkulieren den Platzbedarf, legen fest,
was sofort nötig ist und worauf Sie zunächst verzichten können.

WAS WOLLEN WIR? Je genauer man sich schon vorab überlegt, welche Wohnwünsche unverzichtbar sind und wo man zu Kompromissen bereit ist, desto leichter fällt die Entscheidung. Ermitteln Sie Ihre Wohnwünsche. Das bedeutet nicht, dass Sie in einem Möbelkatalog blättern sollen. Sondern: Setzen Sie sich hin und schreiben Listen mit Ihren Vorstellungen. Gehen Sie alles gemeinsam durch – und beantworten die wichtigsten Fragen zuerst: Wie viel Platz brauchen wir? Und was darf das Ganze kosten?

Überlegen Sie, wo Engpässe entstehen könnten. Wenn morgens alle gleichzeitig fertig werden müssen, brauchen Sie ein größeres Bad – oder ein zweites. Wollen Sie die Speisekammer nur, weil die Oma eine hatte? Planen Sie lieber die Küche größer, mit mehr Stauraum. Wenn Sie die meiste Zeit gemeinsam im Wohn- und Essbereich verbringen, kalkulieren Sie hierfür 30 bis 40 Quadratmeter ein. Einbauschränke im Flur

bieten viel Platz – und Sie brauchen weniger Fläche für Kleiderschränke und Kommoden. Das Schlafzimmer darf dann kleiner ausfallen. Ein großes Kinderzimmer teilen Sie mit einer Trockenbauwand, wenn sich das zweite Kind ankündigt. Nutzen Sie das Arbeitszimmer? Oder reicht ein Gästezimmer mit Platz für den Schreibtisch? Wenn die meiste Wäsche im Obergeschoss anfällt, lohnt sich ein Abwurfschacht in den Waschkeller. Oder Sie planen Platz für Waschmaschine und Trockner im Bad ein und sparen sich das Herumtragen der Wäsche. Früher war der Keller wichtig, um Lebensmittel zu lagern – wofür würden Sie ihn heute nutzen? Die Heizung steht auch gut in einem Anbau neben dem Haus oder unterm Dach. Überlegen Sie, was unverzichtbar ist – und was sich später umsetzen lässt. Ist es nötig, das Dach sofort auszubauen, oder reicht es, diese Raumreserve zu dämmen, sowie Heiz- und Wasserleitungen hierher zu verlegen? Gehen Sie durch die Wohnung und überlegen, was nervt. Jetzt haben Sie noch die Chance, Stolperstellen zu verhindern. Der Weg zum Eigenheim ist oft holpriger als gedacht.

TRAUMHAUS FINDEN Wenn Kinder ein Haus malen, dann steht dieses meist allein auf einer Wiese, umgeben von Bäumen und Blumen, darüber strahlt die Sonne. Es scheint fast so, als würden wir diesen Wunsch oft auch ins Erwachsenenalter mitnehmen: Beinahe drei Viertel aller Deutschen träumen vom frei stehenden Häuschen im Grünen. Am liebsten am Stadtrand, damit auch das Kultur- und Freizeitangebot noch genutzt werden kann. Gute Gründe gibt es immer fürs Bauen: keine Miete mehr zahlen, eine sichere Altersvorsorge, alles ist auf individuelle Wünsche zugeschnitten – endlich etwas Eigenes. Wenn es an den großen Schritt geht, aus den Wünschen Realität werden zu lassen, wird oft gezögert.

Für den Weg zum eigenen Haus braucht man Geduld – aber er lohnt sich.

Entscheidungshilfe Bauberatung – so werden Wohnwünsche wahr

Was viele nicht wissen: Es gibt Bauberater. Sie unterstützen Bauinteressierte bereits bei der Planung. Fühlt man sich im Vorfeld von den vielen Fragen seines Bauvorhabens überfordert, kann man hier Hilfe holen. Das kann so ablaufen: In einem Gespräch geht es zunächst um die baulichen Erinnerungen der zukünftigen Bauherren, später um die aktuellen Wohnvorstellungen und die Ansprüche für die Zukunft. Diese können sich durchaus unterscheiden, gerade in den Details. Ein Beispiel: Die Meinungen gehen bei der Frage auseinander, wie ein Paar im Alter wohnen möchte. Vielleicht wünscht sich die Bauherrin, auch noch an die frische Luft zu kommen, wenn sie bettlägrig werden sollte. Für ihren Mann ist ein schöner Blick nach draußen das Wichtigste. Im Gespräch mit dem Bauberater wird eine passende Idee für beide entwickelt: eine große Glasschiebetür. Damit sind beide glücklich. Das zeigt: In vielen Fällen sind alle Wünsche architektonisch umsetzbar. In einem ausführlichen Gespräch können die Interessenten mit dem Bauberater einige sogenannte Must-haves erarbeiten, die das neue Zuhause erfüllen sollte; genauso werden die No-Gos festgelegt. Die Vorarbeit erleichtert auch die Kommunikation mit dem Architekten. Der Bauberater hilft, die wichtigsten Aspekte zu formulieren. Denn je konkreter diese benannt sind, desto einfacher ist die Bauplanung. So lassen sich alle Hausträume erfüllen. Einen Bauberater finden Sie zum Beispiel beim Verband privater Bauherren: www.vpb.de.

1 FREI STEHENDES HAUS

Wenn man den ganzen Tag mit anderen Menschen zu tun hat, möchte man sich abends auf seine Ruheinsel zurückziehen – und nicht die Musik und die Klospülung des Nachbarn hören. Man entscheidet selbst, muss sich nicht an den Rhythmus anderer anpassen und kann auch mal nachts die Badewanne volllaufen lassen. Mit einem frei stehenden Haus ist man unabhängig von der Meinung anderer. Man entscheidet selbst über Aussehen, Größe, Material und Kosten. Nur der Partner und der Architekt bringen sich noch ein – zumindest, so weit der Bebauungsplan oder das Baugesetz die Wünsche zulassen. Denn über diese Vorgaben muss man sich informieren, das zuständige Bauamt der Gemeinde gibt hier Auskunft. Allerdings muss man auch mit höheren

Kosten rechnen: für Grundstück, Bagger, Kran und auch für das Baumaterial. Denn man kann nicht gemeinsam größere Mengen bestellen und so günstigere Preise aushandeln.

2 DOPPELHAUS

Ein ausreichend großes Grundstück lässt sich gut gemeinsam nutzen – und man spart sich Kosten. Außerdem entfällt der Abstand zur Grundstücksgrenze auf einer Seite, weil die Haushälften an einer Wand verbunden sind. Diese Wand sollte absolut schalldicht und brandsicher sein. Wer gemeinsam mit einer zweiten Familie baut, kann außerdem die Baukosten senken. Man kann Material gemeinsam bestellen, der Bagger muss nur einmal kommen, um den Aushub für den Keller durchzuführen. Man sollte bereits beim Planen an Privatsphäre denken, etwa an Sichtschutz an der Terrasse oder eine Hecke.

3 REIHENHAUS

Die Grundstücke für Reihenhäuser liegen häufig günstig: Läden, Kindergärten, Schule befinden sich oft in Fahrradnähe. Allerdings übernimmt meist ein Bauträger die Arbeiten. Man hat dann wenig Einfluss auf Größe und Aussehen des Hauses, kann auch über den Grundriss nur bedingt entscheiden. Wer sich mehr Garten wünscht, bemüht sich um ein Endgrundstück. Für ein Reihenhaus reichen im Schnitt 200 Quadratmeter Grundstück. Das spart Kosten. Junge Familien mit kleinen Kindern finden hier oft schnell Anschluss.

4 BAUGRUPPE

Manche Grundstücke ermöglichen – oder verlangen – ein etwas anderes Konzept. Bauwillige – Fremde oder Bekannte – schließen sich dann zusammen, um gemeinsam ein Haus zu bauen. Auch Architekten und Kommunen können diese Baugruppen ins Leben rufen. Man vereinbart gemeinsame Ziele. In der Planungsphase sollte man sich mindestens einmal die Woche treffen, um sich über Vorstellungen und Wünsche auszutauschen. Je besser die Kommunikation, desto weniger Reibungspunkte gibt es später. Wichtig: Gemeinschaftsräume und Privatsphäre einplanen. Dann kann man sich zurückziehen – oder zusammen abends den Grill anfeuern.

Vor- und Nachteile

Frei stehendes Haus

VORTEILE: Keine Kompromisse, Entscheidungsfreiheit, viel Platz, Abstand vom Nachbarn

NACHTEILE: Höhere Kosten, auch für die Heizung

Doppelhaus

VORTEILE: Viel Haus auch auf kleinerem Grundstück, geringere Baukosten

NACHTEILE: Nachbarn Wand an Wand, Kompromisse nötig

Reihenhaus

VORTEILE: Geringere Baukosten, Risiken und Entscheidungen werden vom Bauträger übernommen

NACHTEILE: Wenig eigene Entscheidungen, große Nähe zu mehreren Nachbarn

Baugruppe

VORTEILE: Gemeinsam kann man sich mehr leisten, bekannte Nachbarschaft – wie ein Mini-Dorf, größere Gestaltungsfreiheit

NACHTEILE: Man muss eine Gruppe suchen und finden, Abstimmung kostet Zeit (und Nerven), Gemeinschaftseigentum muss verwaltet werden, nicht jeder verträgt so viel Nähe

Wie finde ich Baugrund?

Guter Baugrund ist rar. Man braucht Glück, um ihn zu finden.
Es bietet sich darum an, nach kleinen, schmalen
oder besonderen Grundstücken zu suchen oder nach
Altbauten – zum Renovieren oder Abreißen.

Die Wohnwünsche sind ermittelt, das Budget ist errechnet – es wird Zeit, ein Grundstück zu suchen. Lage, Qualität, Art und Maß der zulässigen Bebauung bestimmen den Preis. Entscheiden Sie nicht zu schnell und klären Sie, soweit es geht, mögliche Probleme bereits im Vorfeld. Wenn Sie genaue Vorstellungen haben, wie das Haus aussehen soll, bleibt die Frage, ob der Bebauungsplan die Form auch erlaubt.

Eine gute Lage, etwa in Städten wie München oder Frankfurt, bezahlt man teuer. Wenn Sie in der Großstadt arbeiten und erwägen, weiter hinaus aufs Land zu ziehen: Rechnen Sie Fahrtzeiten und -kosten aufs ganze Jahr hoch. Rentiert sich der niedrigere Preis immer noch? Außerdem ist die Erschließung von abgelegenem Baugrund teuer – etwa wenn die Straße fehlt oder die Anlieferbedingungen schwierig sind. Längeres Suchen kann hier viel Geld sparen.

KLEINE GRUNDSTÜCKE sind günstig, weil sie klein sind – und weil es sich oft um Restflächen handelt, die vielen Bauherren nicht interessant scheinen. Weil sie deshalb keine gängige Handelsware sind, mindert häufig noch ein Rabatt den Quadratmeterpreis. Vor allem dann, wenn es Grundstücke in der Hand von Kommunen sind, denn die sind interessiert daran, Baulücken zu schließen. Das wiederum macht sie attraktiv für Leute, die aufs Geld schauen müssen. Zumal häufig für innerstädtische Lücken keine Erschließungsgebühren anfallen. Dafür müssen Bauherren auch zu Kompromissen bereit sein. Wie findet man ein kleines Grundstück? Zuerst einmal: Augen auf, denn kleine Grundstücke sind leicht zu übersehen. Spaziergänge oder Radtouren in Gegenden, die einen interessieren, sind Pflicht. Der Autor dieser Zeilen lebt selbst auf einem Grundstück, das kaum über 100 Quadratmeter groß ist – mehr Handtuch als Baugrund. Ohne Haus darauf wirkt so etwas kaum wie ein Grundstück und wird leicht übersehen. Wenn der Quadratmeter-Spürhund fündig geworden ist, wie erfährt man, wer der Eigentümer ist? Am schnellsten und einfachsten vom Nachbarn. Der Weg über einen Notar, der die Möglichkeit hat, das Grundbuch einzusehen, ist langwieriger und kostet Gebühren.

Oben: Bei Platzmangel: Auch auf Dächern von bestehenden Gebäuden lässt sich bauen. Dieses Penthouse der anderen Art mitten in Berlin dient als Atelier und Wohnung.

Augen auf: Die Suche nach Restflächen kann sich lohnen.

Rechts: Zwischenraum – Nicht mal 3 Meter schmal, dafür 13 Meter tief: Die Darmstädter Durchfahrt mit 38 Quadratmetern Fläche war ungenutzt. Heute ist sie gefüllt mit 135 Quadratmetern Wohnraum.

BAULÜCKEN Natürlich hilft auch das Internet. Die Suchworte Baulandkataster oder Baulückenkataster, Baulücken-Management oder Baulückenatlas fördern meist schnell eine Reihe von Ergebnissen. In einigen Ländern (u.a. Baden-Württemberg, Bayern und NRW) existieren auch Modellprojekte zur Lückenbebauung. Zahlreiche größere Städte besitzen Websites, die Baulücken aufzählen, teils sogar mit Fotos oder Karten. Auch Erfolg versprechend: die direkte Nachfrage beim zuständigen Stadtplanungs-, Liegenschafts- oder Bauamt. Dort kennt man die richtigen Ansprechpartner in der Region. Viele Kommunen sind darauf erpicht, sparsam mit Flächen umzugehen und nicht noch mehr neue Wohngebiete auszuweisen, sondern die bestehenden Lücken im innerörtlichen Bereich zu bebauen. Der Fachbegriff der Ämter dazu: Innenentwicklung. Für internetaffine Bauwillige lohnt auch ein Streifzug durch die Aufnahmen von Google Earth und Google Streetview, die erste Hinweise auf Bebauungsbrachen geben.

AUFSTOCKUNG, AUSBAU, NACHVERDICHTUNG

Daneben gibt es weitere Möglichkeiten, preiswert an Baugrund zu kommen. Allerdings sind diese Wege manchmal mit viel Überzeugungsarbeit bei den Grundeigentümern verbunden. Zum Beispiel ungenutzte Dachböden. Ebenso lasten viele Wohnanlagen aus den 1950er-, 1960er- und 1970er-Jahren ihren Baugrund nur zum Teil aus – in Höfen und anderen Freiflächen besteht noch Baurecht. Auch auf bestehenden Gebäuden lässt sich bauen: Oft schöpfen Gebäude ihre Geschossflächenzahl (GFZ, die erlaubte Quadratmeterzahl der Bebauung) nicht aus. Das schafft die Möglichkeit,

vom Eigentümer oder der Eigentümergemeinschaft das Recht zu erwerben, aufzustocken. Allerdings muss freilich die Statik des Unterbaus ausreichend sein.

Klassische Immobilienhändler und Portale haben sich ebenfalls auf die Attraktivität von Baulücken eingestellt.

ALTBAU Auch vorhandene Gebäude bieten Potenzial. Man kann sie umbauen, daran anbauen und so Raum gewinnen – oder aber abreißen lassen und neu bauen.

Mit wem bauen?

Es gibt viele gute Gründe, sich seine eigenen vier Wände von einem
Architekturbüro planen und ausführen zu lassen. Die Häuser
in diesem Buch beweisen es: Alle wurden von Architekten geplant
und gebaut. Daneben gibt es Bauträger und Fertighausanbieter.

ARCHITEKT Jedes Jahr werden ca. 100.000 private Eigenheime in Deutschland gebaut, die Mehrheit von Bauträgern und Fertighausfirmen. Viele Bauherren finden dort, was sie suchen. Doch es gibt viele gute Gründe, mit einem Architekten zu bauen. Denn Sie können ein Haus haben, das ein Dach über dem Kopf bietet, in dem es nicht zieht und reinregnet – oder Sie bekommen eines, das Ihren Lebensgewohnheiten entspricht, in dem Sie sich restlos wohlfühlen, und das auch noch in 30 Jahren. Nehmen Sie sich die Ruhe, mit Ihrem Architekten das Haus zu entwerfen, es ist die wichtigste Phase des gesamten Prozesses. Jetzt können Sie den größten Einfluss darauf nehmen. Einerseits auf den Grundriss und die Materialwahl, andererseits auf die Kosten. Denn ein klug geplanter Grundriss und durchdachte Details sparen viel Geld. Mehr, als sich später auf der Baustelle einsparen lässt, wenn die Kosten aus dem Ruder laufen und Sie gezwungen sind zu sparen. Dies führt in den meisten Fällen zu einer schlechten Ausführungsqualität und weniger guten Materialien.

Architektur ist mehr als nur Entwerfen

Wohl die wenigsten Bauherren wissen, dass zum Berufsbild des Architekten viel mehr gehört als »nur« ein Haus zu entwerfen. Der Entwurf macht nämlich nur den kleinsten, wenn auch den entscheidenden Teil aus.

So erstellt Ihr Architekt für Sie den Bauantrag. Im Büro werden Werk- und Detailpläne in unterschiedlichen Maßstäben gezeichnet, damit die Handwerker auf der Baustelle wissen, was sie bauen sollen. Damit überhaupt gebaut werden kann, erstellt der Architekt ein Leistungsverzeichnis (Ausschreibung) für alle anfallenden Arbeiten.

Die Firmen kalkulieren Material- und zeitlichen Aufwand und geben ein Angebot ab. Dieses wird vom Architekten geprüft, verglichen, und er gibt Ihnen eine Empfehlung, wer das beste Preis-Leistungs-Verhältnis bietet. Denn mit vielen Handwerkern arbeitet der Architekt schon lange zusammen und beide kennen Arbeitsweise und Qualitätsansprüche des jeweils anderen. Oft bekommen Architekten ein besseres Angebot, als wenn Sie privat anfragen. Damit die Baustelle möglichst reibungslos läuft, erstellt der Architekt einen Zeitplan und koordiniert die einzelnen Gewerke. Dadurch entstehen keine allzu großen Wartezeiten, und Ihr Haus wächst zügig weiter. Die Arbeiten der Handwerker werden vom Planer fortwährend überprüft – dies ist die sogenannte Bauleitung. Somit ist sichergestellt, dass auch wirklich das gebaut wird, was Sie bestellt haben und vor allem ohne Fehler und Mängel. Sollten dennoch Mängel auftreten, ist der Architekt dafür verantwortlich, dass die Firmen diese beheben. Nach Fertigstellung der Arbeiten prüft er die Rechnung sachlich und rechnerisch, denn Sie möchten ja auch nur das bezahlen, was tatsächlich ausgeführt wurde.

Wie finde ich den richtigen Architekten?

Es gibt in keinem anderen Land so viele Architekturbüros wie in Deutschland. In jedem Ort finden Sie Architekten, die Ihr Haus planen und bauen können. Doch wie finden Sie den richtigen? Während der Planungs- und Bauphase werden Sie sich sehr intensiv miteinander austauschen, natürlich auch mal kontrovers.

Der Architekt ist Treuhänder des Bauherrn.

Oben: Aus Ihren Wohnwünschen und Vorgaben entwickelt der Architekt einen Grundriss, der genau zu Ihnen passt. Das Haus entsteht im Dialog und der Diskussion zwischen Ihnen und dem Planer.

Dazu ist es unabdingbar, dass Sie sich sympathisch sind und ein vertrauensvolles Verhältnis aufbauen können. Vor allem sollten Sie sich von Ihrem Architekten verstanden fühlen. Das Planen sollte aus gegenseitigen Anregungen bestehen. Er »übersetzt« Ihre Wünsche, Vorstellungen und Vorgaben in ein Haus. Wenn Sie ein Haus sehen, das Ihnen gefällt, klingeln Sie doch einfach und fragen nach den Architekten. Sie können die Bauherren fragen, wie zufrieden sie waren und ob sie das Büro weiterempfehlen würden. Schauen Sie sich Homepages von Architekten an und Onlineportale wie www.houzz.de, www.roomido.de oder Pinterest. Wenn Sie es eher klassisch mögen, dienen Architekturzeitschriften und -bücher, in denen Häuser von fachkundigen Autoren ausführlich vorgestellt und beschrieben werden, als gute Inspirationsquelle. Wenn Sie ein Haus in Ihrer Umgebung entdecken, das Ihnen gefällt, rufen Sie den Architekten an und vereinbaren ein erstes Gespräch. Oder laden Sie ihn auf ein Glas Wein zu sich nach Hause ein. Komischerweise interessieren sich die wenigsten Architekten dafür, wie ihre Bauherren wohnen. Fragen Sie den Ar-

Bauen mit dem Architekten

Der wichtigste Unterschied zwischen Architekturbüro und Bauträger ist: Der Architekt ist Treuhänder des Bauherrn. Was bedeutet das genau?

> Er arbeitet unabhängig und verfolgt keine wirtschaftlichen Interessen bei der Ausführung der handwerklichen Arbeiten. Ein Bauträger muss mit dem verkauften Haus Geld verdienen. Er arbeitet gewinnorientiert, zu seinem Vorteil – nicht zum Vorteil des Bauherrn.

> Die Planung und Ausführung sind voneinander getrennt. So entsteht zum einen kein Konflikt zwischen Qualität und Gewinn. Der Bauträger überwacht seine Arbeiten selbst, und Sie als Laie haben von der Richtigkeit der Ausführung keine Ahnung. Der Vorteil der Werbung »Alles aus einer Hand« kann in Wahrheit also ein nicht zu unterschätzender Nachteil sein.

> Ihr gesamtes Bauvorhaben hängt nicht von einer einzigen Firma ab. Wenn diese insolvent geht, haben Sie im Zweifel schon viel Geld bezahlt.

> Gegenüber den Handwerkern ist der Architekt verpflichtet, Ihre Interessen als Bauherr zu vertreten – vor allem bei der Mängelbeseitigung und der Rechnungstellung ein großer Vorteil.

Architektenhonorar

Die HOAI (Honorarordnung für Architekten und Ingenieure) regelt die Vergütung für alle Leistungen am Bau. Sie schafft Transparenz und Vergleichbarkeit und hilft, einen fairen Preis für die Architektenleistungen sowie deren Umfang zu ermitteln. Entgegen vieler Behauptungen ist die Planung mit einem Architekturbüro nicht teuer.

Gebäude werden in sogenannte Honorarzonen von 1–5 eingeordnet. Je nach Schwierigkeit, Komplexität und Aufwand des Gebäudes steigt das Honorar. Einfamilienhäuser werden meist in die Honorarzone 3 eingestuft. Das Honorar richtet sich nach den Baukosten.

Die Planungs- und Bauphase unterteilt sich in neun Leistungsphasen (siehe Seite 72ff). Es steht Ihnen frei, welche dieser Leistungsphasen Sie beim Architekten beauftragen – einzelne oder alle.

Beispiel: Bei anrechenbaren Baukosten von 300.000 Euro beträgt das Architektenhonorar inkl. MwSt. 53.457 Euro (Beauftragung aller Leistungsphasen bei mittleren Satz). Hinzu kommen Nebenkosten für die Vervielfältigung von Plänen, für Telefonate und Fahrtkosten in Höhe von 3 bis 5% des Honorars.

In der Honorartafel können Sie genau ablesen, welche Summe in der jeweiligen Leistungsphase anfällt. Der Mindest- und Höchstsatz gibt Ihnen einen kleinen Verhandlungsspielraum. Für Fachplaner wie Statiker, Energieberater und z.B. Heizungs- und Lüftungsplaner fallen zusätzliche Honorare an, auch diese werden nach HOAI abgerechnet.

chitekten, ob Sie sich von ihm gebaute Häuser ansehen können. Denn auf Fotos sehen die meisten Häuser schön aus. Nur in der Realität werden Sie auch die Räume erleben, das Zusammenspiel der Materialien und die Qualität der Ausführung sehen. So bekommen Sie schnell ein Gefühl dafür, ob Sie mit diesem oder jenem Planer bauen möchten. Ein guter Tipp ist auch der jährlich im Juni bundesweit stattfindende Tag der Architektur, an dem Bauherren ihre Türen öffnen und Sie ausgewählte Häuser besichtigen können (siehe auch S. 12).

BAUTRÄGER Jeder, der sich ein Eigenheim zulegen möchte, kennt die Anzeigen in Zeitung, Internet oder auf Bautafeln: »Bauen zum Fixpreis! Schlüsselfertig zum Wohntraum!«

In deutschen Neubaugebieten dominiert der Bauträger. Sie bekommen als Käufer – denn in diesem Fall sind Sie nicht Bauherr – alles aus einer Hand: Grundstück und Haus, alles fertig geplant, und Sie müssen nur noch um- und einziehen. Das klingt verlockend. Bevor Sie den Kaufvertrag unterschreiben, sollten Sie jedoch einiges bedenken und vor allem Wichtiges vertraglich fixieren. Der Bauträger verdient am Verkauf des Hauses. Jeden Euro, den er bei der Planung, Bauüberwachung und vor allem bei der Wahl der Materialien ein-

spart, fließt auf sein Konto. Der Interessenskonflikt Verdienst versus Qualität wird in den meisten Fällen wohl im Sinne des Bauträgers ausfallen.

Lesen Sie genau die Baubeschreibung und das Kleingedruckte. Denn die Erschließungskosten und der Keller gehören oft nicht zum beworbenen Fixpreis. In den Baubeschreibungen finden sich häufig Formulierungen, die nicht wirklich die Qualität definieren, sondern viel Spielraum zur Auswahl lassen: 2-Schicht-Parkett Eiche; Badezimmer weiß verfliest; Innentüren furniert; Fenster – Kunststoffelemente mit Isolierverglasung (U-Wert < 1,1 W/m²K) Hersteller XY – oder gleichwertig. Bei der Formulierung: »oder gleichwertig« sollten Sie hellhörig werden, denn damit kann der Bauträger viel Geld sparen.

Definieren Sie mit ihm genau, mit welchen Materialien von welchem Hersteller der Rohbau gebaut wird, welche Oberflächen von welchem Hersteller Sie haben möchten, von welchem Produzenten Fenster und Türen, Heizungs- und Lüftungsanlage, Armaturen und Fliesen.

Nur so stellen Sie sicher, dass Sie ein Haus bekommen, in das Sie wirklich nur noch einziehen müssen. Auch den Einzugstermin sollten Sie vertraglich festhalten. Sollte der Bauträger nicht zum zugesicherten Zeitpunkt fertig sein, hat er alle Folgekosten zu tragen. Vereinbaren Sie regelmäßige Abschlagszahlungen, die an Ziele auf der Baustelle geknüpft sind. Ein seriös wirtschaftender Bauträger geht auf Ihre Wünsche ein und wird Ihnen ein entsprechendes Angebot machen. Bei allen, die sich nicht auf diese Vorgehensweise einlassen, sollten bei Ihnen die Warnlampen angehen.

Beide: Bei einem Fertighaus werden Wände, Decken und Dach im Werk hergestellt. Die Fenster, die Elektro- und Wasserleitungen sind schon montiert und manchmal sogar die Fassade. Die einzelnen Elemente werden vom Lkw gehoben, montiert – und nach wenigen Tagen steht Ihr Haus.

Vermutlich ist der Hausbau die finanziell größte Investition, die Sie in Ihrem Leben tätigen und die soll ja in Ihrem Traumhaus münden. Alles aus einer Hand, wie versprochen, bedeutet natürlich auch: volles Risiko. Geht der Bauträger insolvent, und Ihr Haus befindet sich noch im Rohbau, haben Sie ein großes Problem.

FERTIGHAUS

»Sollen wir nicht mal in die Fertighauswelt fahren? Dort können wir uns viele Häuser von verschiedenen Firmen ansehen, da wird uns bestimmt eins gefallen!«: Dieser Satz kommt Ihnen vielleicht bekannt vor. Jedes vierte Einfamilienhaus in Deutschland kommt von einem Fertighaushersteller. Wobei das Wort Fertighaus nicht ganz zutreffend ist. Denn Sie haben die Möglichkeit, sich Ihr ganz persönliches Haus entwerfen zu lassen. Solange es den Konstruktionsmöglichkeiten des Herstellers entspricht, sind der Vielfalt kaum Grenzen gesetzt. Die meisten Fertighäuser werden aus Holz konstruiert. Im Werk fertigt der Hersteller alle notwendigen Bauteile, oft sogar schon mit Außenputz und eingebauten Fenstern, und montiert Wände, Decke und Dach auf der Baustelle innerhalb weniger Tage zusammen. Der Ausdruck »Fertighaus« bezieht sich also eher auf die Tatsache, dass das Haus schon in einem relativ fertigen Zustand auf dem Grundstück ankommt. »Nur« der Innenausbau, der technische Ausbau und die Verlegung der Böden erfolgt dann von Monteuren des Anbieters. Vom Zeitpunkt der fertigen Bodenplatte bis hin zum Einzug vergehen wenige Monate. Sie können also relativ schnell in Ihr neues Eigenheim einziehen. Für alle, die wenig Zeit mitbringen und nicht ständig als Ansprechpartner zur Verfügung stehen möchten, kann die Variante Fertighaus also durchaus interessant sein.

Für die Planung des Grundrisses sollten Sie sich aber ausreichend Zeit nehmen. Steht der Plan für Ihr Haus, geht es an die Festlegung der Innenausstattung. Sie treffen sich mit Ihrem Baube-rater, meist am Werk des Herstellers, und legen innerhalb von zwei bis drei Tagen alle technischen Details und Materialien fest. Von der Elektroinstallation, wo welche Steckdose sitzt, bis hin zu den Türgriffen und Böden. Im Anschluss erhalten Sie eine genaue Kostenaufstellung sowie den Liefer- und Fertigstellungstermin.

Wenn Sie bei einer der großen und schon lange tätigen Firmen kaufen, bekommen Sie eine hohe Fertigungsqualität, denn die Details und Konstruktionen sind vielfach gebaut und haben sich bewährt. Auf der Baustelle haben Sie mit dem Bauleiter einen Ansprechpartner, der von Beginn bis zum Ende der Arbeiten für alles verantwortlich ist. Aber auch hier sind Sie nur Käufer, nicht Bauherr, und tragen wie beim Bauträger das Risiko, dass alles von einer Firma kommt.

Im Trio günstiger

Abgewohntes Einfamilienhaus auf großem Grundstück: Oft kaufen dann Bauträger, die das Land möglichst ertragreich nutzen wollen. Quartiere verlieren an Lebensqualität, wenn rigoroses Optimieren der Kosten nachhaltiges Wohnen und würdevolles Altern der Bauten verhindert. Eine mutige private Nachverdichtung zeigt, dass es anders geht.

Mietwohnungen sind rar in Freising, denn 30.000 Beschäftigte am Münchener Flughafen und die Studenten der Hochschule verknappen den Markt. Die Stadtränder auszudehnen ist wenig ökologisch, zudem gerät es für kleinere Städte zum Kraftakt, Neubauviertel auszuweisen. Also nachverdichten. Früher waren Grundstücke in der Freisinger Südweststadt noch großzügig bemessen. Dies erlaubte es Sonja und Rainer Breitsameter, hinter dem Bungalow der Mutter zu bauen. Denn sie sollte in eine barrierefreie, gut ausgestattete, helle Wohnung ziehen. Das Paar dachte auch schon weiter, an das eigene Alter, denn sein jetziges Haus ist groß und der Garten arbeitsintensiv. Wenn schon, denn schon, überlegten die beiden. Nach einigen schlaflosen Nächten beschlossen sie, das Gelände optimal zu nutzen und sich durch Vermieten die finanzielle Belastung zu erleichtern.

Links: Äußerlich fast identische Bauten: vorn die beiden Einfamilienhäuser, hinten der Riegel mit zwei Etagenwohnungen; zur oberen gehört eine große Dachterrasse auf dem Carport.

Unten: Die Treppe im Fassadeneinschnitt führt geschützt zur oberen Etage. Das angebaute Schlafzimmer der unteren Wohnung steckt im eingeschossigen Nebentraktriegel, der sich in Form und Material perfekt einfügt.

KONTEXT Die Bauherren stellten der Freisinger Architekturwerkstatt Gmeiner Habermeyer Huber die Aufgabe, einen Entwurf zu entwickeln, der angemessen auf die umliegenden Gartengrundstücke und den Grünzug mit Bach reagiert. Zudem sollten die Häuser möglichst ökologisch und wartungsarm sein und hohe Wohnqualität schaffen. Die Planer platzierten drei gleiche Quader quer auf dem Grundstück, im Mindestabstand zur östlichen Grenze und voneinander getrennt durch zwei große Innenhöfe. Ein eingeschossiger Riegel mit Nebenräumen schottet die Höfe vom Fußweg ab, der im Grenzabstand zu den Haustüren führt, und koppelt die drei Einzelbauten zum Ensemble. Zugleich entsteht Platz für Wärmepumpe, Fahrräder und Mülltonnen.

Denn es gibt keine Keller – bei hohem Grundwasserstand ein Kostentreiber. Das nördliche Gebäude teilt sich waagerecht in zwei Wohnungen – die untere barrierefrei; eine Außentreppe erschließt die etwas kleinere Einheit oben. Die beiden Einfamilienhäuser sind identisch gebaut, zum südlichen gehört statt Innenhof ein großes Gartenstück mit hohen Bäumen, gesäumt vom Schleiferbach. Die Nordfassaden grenzen sich jeweils durch hoch sitzende Fensterbänder zu den Innenhöfen ab: Aus- und Einblicke sind so nicht möglich, und die Privatsphäre in Haus und Hof bleibt gewahrt. Die Massivbauten bekamen Fassaden aus robusten Lärchenholzleisten, die in Würde altern und keine Pflege erfordern. Lärche ist – außer der Eibe – das schwerste und härteste einheimische

Nadelholz. Aluschalen schützen die Holzfenster außen. Die Materialien sind hochwertig und langlebig gewählt. Die Wärmepumpe entzieht dem Grundwasser laue Umweltwärme zum Heizen der Passivhäuser. Trotz hochwertiger Bauweise und attraktiver Wohnqualität blieben die Baukosten moderat.

Die Minisiedlung beweist, dass man innerstädtische Baulandreserven intelligent nutzen, günstig, dennoch hochwertig bauen und gleichzeitig fürs eigene Alter vorsorgen kann.

Unten: Die betonierte Wandscheibe trennt Bereiche und speichert die Wärme des seitlich einfallenden Sonnenlichts. Küche und Möblierung betonen die Längsrichtung des Wohnquaders – ein reizvoller Kontrast.

> *»Wir sind nun fürs Alter bestens gerüstet durch die barrierefreie Wohnung.«*

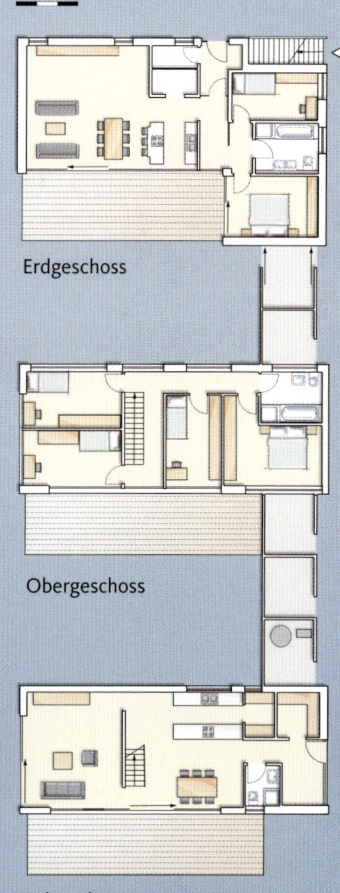

Oben: Lärchenholzlatten umhüllen die massiven Wohngebäude, Siebdruckplatten die eingeschossigen Schuppen. Diese dienen als günstiger Kellerersatz, denn der Grundwasserstand ist hoch.

DATEN & FAKTEN

Grundstücksgröße: 2.540 m²
Wohnfläche: 164 m² (je Einfamilienhaus) + 189 m² (Zweifamilienhaus gesamt)
Zusätzliche Nutzfläche: 40 m²
Bewohner: 15 (2+3+5+5)
Bauweise: Massivbau mit Holzfassade, Gründächer
Energieniveau: Passivhaus
Technik: Grundwasserwärmepumpe
Heizkosten: gesamt, ohne Trinkwassererwärmung, 3190 Euro
Reine Baukosten: 1976 Euro je m² Wohn- und Nutzfläche (hochgerechnet für 2017)

Planung:
Architekturwerkstatt Gmeiner
Habermeyer Huber
Obere Domberggasse 5
85354 Freising
www.arch-werkstatt.de

Projektleitung:
Sebastian Habermeyer
www.architekturteam-habermeyer.de

KONZEPT

Neuer Wohnraum für vier Familien entstand. Durch cleveres Planen und Ausnutzen des Bebauungsplans blieben Gartenanteile für jedes der drei Häuser übrig. Zur oberen Etagenwohnung gehört eine große Terrasse auf dem Carportdach.

WOHNWERT

Die Grundrisse sind klar und attraktiv gegliedert, öffnen sich nach Südost und Südwest zu Sonne, Garten und Hof. Die Treppen in den Einfamilienhäusern sind klug platziert. Sie trennen Funktionsbereiche und nehmen wenig Platz weg.

Erdgeschoss

Obergeschoss

Erdgeschoss

Baulücke fein gefüllt

Eine winzige Brache in der Erfurter Altstadt bot, clever genutzt, Platz für ein stattliches Wohnhaus, das selbstbewusst seine Bauzeit zeigt und dennoch Bezug auf Umfeld und Historie nimmt.

Links: Das Raumwunder bietet alles, was man zum komfortablen Wohnen braucht. Sogar eine Garage fand noch Unterschlupf, denn Parkplätze sind im alten Stadtkern Mangelware.

Oben: Gartenersatz in luftiger Höhe: Die 20 Quadratmeter große Dachterrasse legt sich hoch über der engen Straßenschlucht quer und Richtung Sonne.

Nur 60 Quadratmeter klein war das Grundstück in Erfurt, darauf können gerade mal drei Autos parken. Und dies war nicht das einzige Problem. Es liegt an einer mittelalterlich schmalen Straße im Stadtkern – historisch und sehr schön. Doch kann hier nur wenig Tageslicht bis ins Erdgeschoss eines Hauses fallen. Abhilfe lässt sich schaffen, wenn man seitlich oder von hinten Licht hereinlotsen kann. Doch da machte sich die dritte Schwierigkeit des Grundstücks bemerkbar: Wer dort wohnt, wird einst an drei Seiten Nachbarn haben – und zwar Wand an Wand. Darum fallen drei Fassaden für die Belichtung aus. Eine ziemlich vertrackte Bauaufgabe. Dreiundzwanzig Jahre lang klaffte die winzige Lücke nach dem Abriss des Vorgängerbaus, weil Mut und Ideen fehlten.

RAUMWUNDER Doch dann entdeckten Joachim Deckert und Rainer Mester vom Büro dma das Areal. Das Problembündel stachelte

ihren Ehrgeiz an; außerdem kostete es nur 15.000 Euro – denn es galt ja als unbebaubar. Die Käufer schmiegten ihren Kompaktbau in den Winkel der alten Brandwand hinten, geizten innen mit Flurfläche – dafür opferten sie insgesamt nur 12 Quadratmeter. Auf dreieinhalb Etagen entstanden 135 Quadratmeter Wohnfläche und 28 Quadratmeter Nutzfläche (Garage und Heizraum) – eine übliche Größe für ein frei stehendes Einfamilienhaus. Bauherr Deckert verzichtete aus Kostengründen auf einen Keller.

KONZEPT Um das Problem des kleinen Grundstücks zu lösen, stellten Deckert und Mester die übliche Nutzung auf den Kopf: Wohnen und Arbeiten befinden sich ganz oben, im zweiten Stock Kochen und Essen, in der ersten Etage Schlafen. Ebenerdig liegen Gästezimmer, Eingang, Heizraum sowie Garage. Nach der Devise: je weiter oben, desto wärmer und heller.

In den Wohnetagen spannen sich die Fenster hausbreit für eine maximale Lichtausbeute. Damit war das zweite Problem gelöst. Diese Glasbänder liegen in einer Flucht mit den Fenstern der Häuser nebenan. Schaut man die Straßenzeile entlang, verschmelzen die alten Öffnungen optisch ebenfalls zur Reihe. Sie wird von Mauerstreifen unterbrochen, die aus dieser Perspektive wie Fensterrahmen wirken. Rahmen für zwei Fensterflügel unterbrechen darum die beiden Glasbänder im Neubau, alles andere ist fest und sprossenfrei verglast.

KUNSTHALLE Ein genialer Kunstgriff bringt noch mehr Licht ins Haus, trotz der drei fensterlosen Fassaden: Hinten führt die quer gelegte Treppe durchs Haus. Den Flur in der zweiten Etage sparten sich die beiden Architekten/Bauherren: Sie gehen einfach durch die Wohnküche und gelangen so zum Antritt des nächsten Treppenlaufs. Hoch über den Stufen fällt Tageslicht durch ein langes, rechteckiges Dachfenster und weiter durch den großen Luftraum hinab bis zum ersten Stock: Die Lösung des dritten Problems – die dreiseitige Nachbarbebauung – wird so zur Attraktion. Denn an der Wand hängen drei Etagen hoch Bilder, Fotos und Architekturmodelle – eine imposante Galerie. Sie endet oben als Brüstung, an die sich der Arbeitsplatz der Bewohner anschließt – gut belichtet und durchlüftet durch die treppenlange Lichtkuppel.

GARTENERSATZ Das oberste Geschoss mit dem flach geneigten Pultdach nimmt nur zwei Drittel der Etage ein: Die restlichen 20 Quadratmeter dienen als Dachterrasse, Gartenersatz und Aussichtsplattform. Durch diesen Höhenversatz wirkt das Gebäude straßenseitig niedriger, als es eigentlich ist. Die Kante der Brüstungsmauer nimmt geschickt die Traufhöhe der Nachbarhäuser auf.

So füllte sich die problematische Baulücke meisterhaft, wobei 135 Quadratmeter hochwertiger Wohnraum mitten in der Altstadt entstanden.

Links: Die Bilderwand endet oben als Brüstung vor dem Schreibtisch. Die Bewohner stehen hier am Durchgang zur Küche. Eine glänzende Platte dient als Treppengeländer.

Links unten: Bürofiliale: Die Architekten Joachim Deckert (links) und Rainer Mester arbeiten oft am Doppeltisch. Schräg darüber lässt das große Dachfenster viel blendfreies Licht herein.

Rechts: Blaue Lagune auf dem Treppenpodest: Das Bad in der zweiten Etage lockt mit einer bodengleichen Dusche – Eintritt erwünscht.

Unten: Wohnküche auf 37 Quadratmetern mit 3 Meter Höhe: Luxuriös viel Raum zum Kochen, Essen und Gästebewirten. Das Steckdosenraster der Sichtbetondecke erlaubt es, Möbel und Leuchten anders zu platzieren. Der Durchgang rechts führt zur Treppe.

Links: Dicht am Gehweg sind die Schiebeläden Gold wert: Sie filtern das Tageslicht und bieten Sicht- und Einbruchschutz. Das Stockwerk darüber kragt um Wandstärke aus: So wird innen Platz gewonnen.

Links unten: Das lasergefräste Rosenmuster in der goldfarbenen Alu-Verkleidung des Erdgeschosses erinnert an das mittelalterliche Vorgängerhaus »Zur Rose«.

Rechts: Das »Rosenhaus« wurde 1986 abgerissen, dann fehlten vier Häuser in der Straßenzeile. Weiße Linien zeigen, wie sich der Neubau auf den 60 Quadratmetern zwischen Gehweg und Hinterhaus einfügt.

»Manchmal verwandeln wir unsere Garage in eine Besenwirtschaft. Die Lage ist ideal: mitten drin im Zentrum der Stadt, nahe beim Dom.«

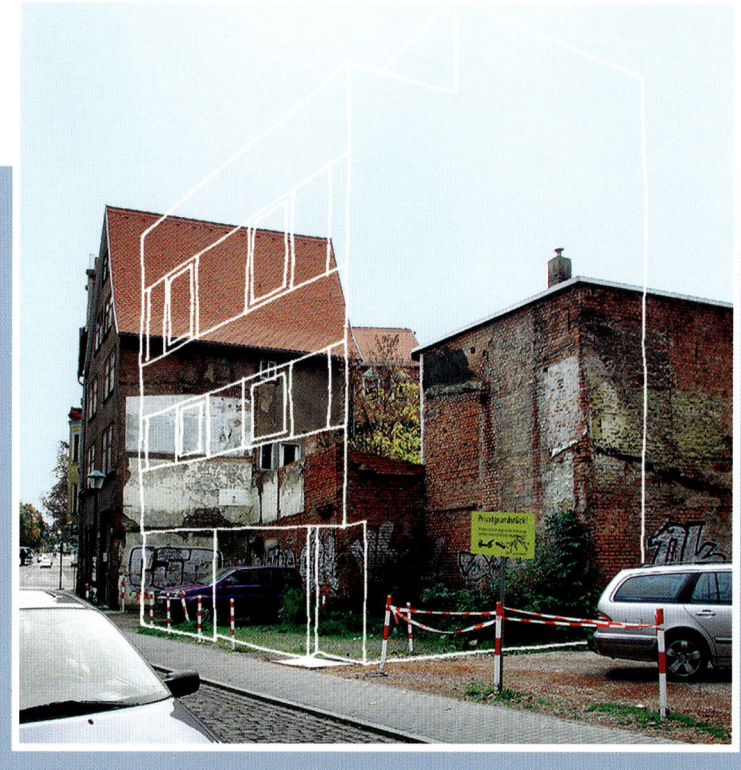

DATEN & FAKTEN
Grundstücksgröße: 60 m²
Wohnfläche: 135 m²
Zusätzliche Nutzfläche: 28 m²
Bewohner: 2
Reine Baukosten: 1.753 Euro
je m² Wohn- und Nutzfläche
(hochgerechnet für 2017)

Planung:
dma deckert mester architekten
Blumenstraße 7
99092 Erfurt
www.dmarchitekten.de

STADTHAUS
Wenn das Haus dicht an der
Gehsteigkante steht, sorgen
Sichtschutz und ein Garten-
ersatz in luftiger Höhe für
angenehmes, attraktives
Wohnen.

VERKEHRSFLÄCHE
Wer auf kleinem Grund großzügig bauen möchte, darf keinen
Quadratmeter nutzlos verschen-
ken: Räume und Blick weit machen und, wo möglich, auf Flure
und Trennwände verzichten.

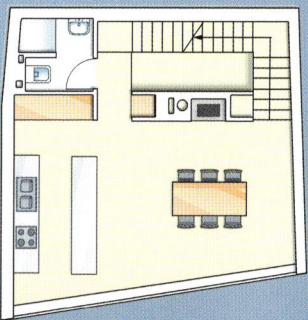

2. Obergeschoss

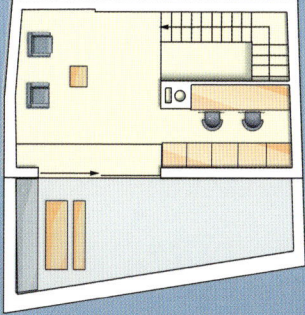

Dachgeschoss

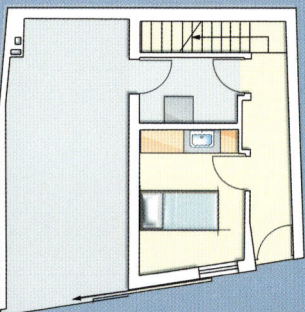

Erdgeschoss

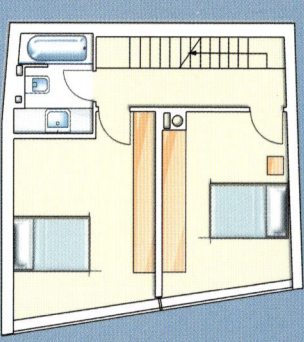

1. Obergeschoss

Authentisch bauen

Architekt Nägele zeigte seiner Bauherrin zwei
gegensätzliche Skizzen. Instinktiv entschied sie sich für
die passendere Version – ohne großen Architektur-
diskurs. Denn der gewählte Entwurf achtet die regionale
Bautradition – und entwickelt sie fein weiter.

W enn man heute durchs Land fährt, fragt man sich manchmal, welches Dorf denn das gerade war. So stark ähneln sich Gebäude und Siedlungen. Doch dieses Haus fällt auf, es wirkt vertraut und zugleich modern. Hier, im Unterallgäu, wurden früher die Stadel so gebaut: schmal, hoch und lang, mit flachem Satteldach. Der Neubau nimmt das Motiv auf, zeigt jedoch ungewohnte Holzfassaden, mit einer Fensteranordnung, die weit von der traditionellen Symmetrie entfernt ist. Die Funktion der Räume und der Sonnenstand waren für den Architekten entscheidend. Denn Alexander Nägele vom Büro SoHo Architekten entwirft Häuser von innen nach außen.

Bauherrin Eva Droiber gab ihm nur zwei Aspekte vor. Im Holzhaus von Freunden war ihr das angenehme Raumklima aufgefallen. Darum musste es unbedingt ein Holzhaus sein. Und es durfte das Budget von 285.000 Euro (hochgerechnet) nicht überschreiten. »Eigentlich war es mir damals fast egal, wie das Haus außen aussieht«, erinnert sie sich.

Oben: Von mittags bis abends liegt die Westterrasse im Sonnenschein. Wer Schatten sucht, findet ihn in der Laube, die zwischen Garage und Haus vermittelt.

Links: Auf dem Holzweg: Mit sauberen Schuhen ums Haus laufen hat Tradition. Schon vor 400 Jahren legten sich Bauern die Wandblockhölzer an die Fassade – diese schmale Holzterrasse nannten sie Vordertürbahn.

WAHLHILFE Nägele zeichnete zwei Skizzen: eine mit quadratisch-städtischem Baukörper und die andere dörflich-lang. Das Grundstück ist nahezu quadratisch wie auch andere im Viertel, weshalb es dort schon einige quadratische Häuser gibt. Der Planer handelte umsichtig: Durch die gegensätzlichen Vorschläge konnte Eva Droiber leichter herausfinden, welcher am besten zu ihr und der Umgebung passt. Denn wer sich aktiv entscheidet, identifiziert sich später stärker mit dem Ergebnis. Die Bauherrin wählte spontan die ländliche Variante, da sie diese Form spannender fand. Sie fühlte Qualität und Charakter, die ihr Wohnhaus auszeichnen – und ist heute überaus glücklich mit ihrer Entscheidung. Die konsequent einfache Form des Gebäudes sieht nicht nur gut aus, sondern kostet auch etwa ein Sechstel weniger als ein vergleichbares mit komplexer Form.

»Von jedem Zimmer
sieht man hinaus ins Grüne.
Und zu jeder Tageszeit
findet die Sonne ihren Weg
ins Haus.«

Oben: Der Verkehrsweg im Raum
ersetzt einen separaten Gang und
ermöglicht bei gut platzierten Türen
den Längsblick durchs Gebäude. Es
wirkt so größer, als es eigentlich ist.

Oben: Praktische Sparsamkeit: Küche
und Essplatz sind eng miteinander
verbunden. Wenn Darius mal kosten
möchte, ist er nur eine Armlänge entfernt. Weniger Quadratmeter hielten
den Baupreis im Zaum.

Links: Der Flur im Obergeschoss
verbindet die Individualräume, Bad
und Büro. Er ist nötig, weil sonst
Durchgangszimmer mit wenig Privat-
heit entstünden. Außerdem spielt
ihr Sohn Darius oft dort.

KONSTRUKTION Das Well-blechdach schiebt sich überraschend dünn über den Quader. Werden Dächer bis zu den Rändern gedämmt, sehen sie meist klobig aus. Wo steckt hier die Dämmung? Sie liegt auf der obersten Geschossdecke. So ist außerdem weniger Material nötig. Das Dach muss nur für den Regenschutz sorgen, kann also einfacher gebaut sein. Die für die Dachdeckung gewählten Wellplatten erfordern keine engmaschige Unter-konstruktion wie etwa kleinformatige Ziegel, auch das spart Kosten. Zudem hat die »Welle« auch Vergangenheit auf dem Land: Das günstige Material wurde früher für Ställe wie auch auf Gewerbebauten eingesetzt.

Eva Droiber sparte durch Eigenleistung 18.000 Euro, viele Freunde halfen mit. Wenn sie heute auf dem Holzdeck in der Abendsonne sitzt und ihr Sohn im Garten spielt, dann ist sie richtig zufrieden.

Rechts: Reminiszenz an die regionale Scheunenarchitektur: Das Wohn-haus ist schmal und lang, zudem einfach und günstig gebaut. Es passt gut ins Unterallgäu und zu seinen Bewohnern.

Links: Durch die Küchentür sieht man hinein ins nur 4,50 Meter schmale Haus, hinaus auf die Holzterrasse und weiter in den Garten. Vergrauungs-lasur lässt das Holz schöner altern.

Links unten: Der Nordgiebel gibt sich bis aufs Gästezimmer zuge-knöpft. Die Rückwand der Laube schirmt zusammen mit der Doppel-garage Garten, Holzterrasse und Spielecke ab.

OPTION
Mit kleinen Änderungen lassen sich die Etagen auch separat nutzen. Das abge-koppelte Zimmer mit dem Duschbad im Erdgeschoss könnte als Apartment für einen Senior oder als Büro dienen.

MASSARBEIT
Jedes Stockwerk bietet nur 60 Quadratmeter, diese sind jedoch extrem platz-sparend gegliedert. Ein Schreiner baute die Möbel für Küche und Essplatz.

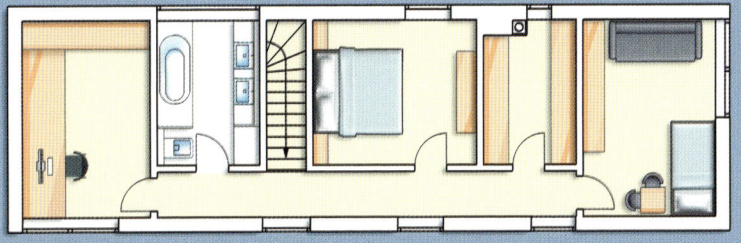

DATEN & FAKTEN

Grundstücksgröße: 683 m²

Wohnfläche: 120 m² plus 25 m²
im Teilkeller, ohne Garage

Bewohner: 2–5

Bauweise: Holzrahmenbau,
Bauelemente vorgefertigt

Haustechnik: Solarkollektoren

Heizkosten: 600 Euro/Jahr
inkl. Trinkwassererwärmung

Reine Baukosten: 1788 Euro
je m² Wohn- und Nutzfläche
(hochgerechnet für 2017)

Planung: SoHo Architektur
Alexander Nägele
Fuggergasse 1, 87700 Memmingen
www.soho-architektur.de

Obergeschoss

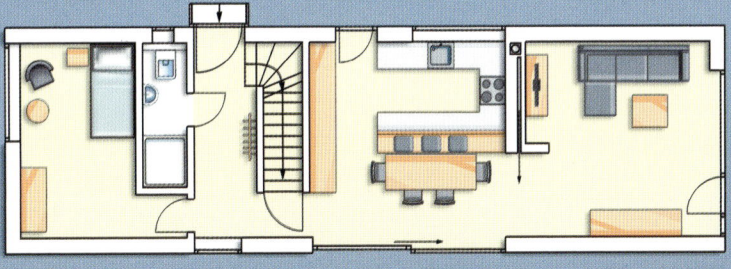

Erdgeschoss

Mut zur Individualität

Wo gibt es Häuser mit großen Gärten und altem Baumbestand –
und das ruhig gelegen? In Wohnvierteln für Selbstversorger, die früher
von Firmen, Städten oder auch Genossenschaften realisiert wurden.
Ein solches befindet sich in Regensburg: die Ganghofersiedlung. Sie
gewann aufgrund des kommunalen Entwicklungsplans und dank vieler
privater Bauherren heutiges Wohnniveau. Zwei exzellente Beispiele.

olgt man den sanften Kurven der schmalen Wohnstraßen, so erfreuen einen die stilsicher renovierten Siedlungshäuschen, die ihre Giebel bis zur Baulinie an die Vorgärten schieben und sich aufreihen wie die Perlen einer Kette. Ihre Variationen liegen im Detail: seien es runde Giebelfenster unterm First oder nur kleine Lichtschlitze. Die 152 kompakten Einfamilienhäuser entstanden zwischen 1936 und 1939, jedes mit Einliegerwohnung und insgesamt rund 80 Quadratmetern Wohnfläche – für heutige Ansprüche zu klein. Darum stehen neben 139 der alten Häuser bereits neue Anbauten, die jeweils fast die Hälfte der Altbaufassade überlappen. Dort sind Alt und Neu innen gekoppelt, außen wird durch eine Art baulicher Kragen Abstand vom Bestand gehalten.

Links: Der Anbau von Familie Bartholomäy zeigt Eichenholz und Schreinerkunst – außen wie innen. Auf der Schmalseite formieren sich die Fassadenbretter zum Mosaik.

Unten: Weiß betont die Quaderform des Anbaus von Familie Ahrens-Semrau und schafft zugleich Verwandtschaft zum verputzten alten Haus.

Haus Bartholomäy

Oben: Schrankwand wortwörtlich genommen: Das Möbel streckt einen Ausläufer zur Raummitte und teilt die Fläche in differenzierte Wohnbereiche, der grau-braune Spachtelestrich eint sie wieder.

Links: Die tiefe Holzlaibung adelt den Gartenausblick zum Bild, sie dient zugleich als elegante Sitzfläche Das Buchregal variiert diese Idee als »Literatur-Einblick«.

*Qualität lässt sich nicht verordnen.
Man muss sie erkennen und wollen –
und schließlich auch bezahlen.
Die Baufamilien freuen sich jeden Tag
über ihre virtuos gestalteten Häuser –
und die Passanten auch.*

Beim Spazierengehen wundert man sich, dass viele der Anbauten ähnlich aussehen. Der kommunale Entwicklungsplan legt Lage und Form des Anbaus fest, ein Stockwerk zur Straße und eins darunter im Hang plus Flachdachbegrünung. Materialien, Fensteranordnung und -größe sind nicht fixiert. Anders beim Altbau, der einzeln und im Ensemble unter Denkmalschutz steht und darum detail- und materialgerecht renoviert werden muss. Dieser Kontrast ist außerordentlich reizvoll.

RICHTIG SPAREN

Die Grundstücke samt Altbauten wurden von einer Immobiliengesellschaft verkauft. Als Extra gab es dazu Pläne für den Anbau in drei Varianten. Für die Käufer stellte sich die Frage: Trotzdem eine individuelle Planung beauftragen, den Zeitverlust und höhere Kosten

einrechnen? Bei einem Standardanbau kann es passieren, dass dieser und der Altbau wie Fremde nebeneinander stehen. Nur wenn das Gebäudeduo perfekt miteinander verwoben ist, passt es zur Familie wie ein Handschuh zur Hand. Mithilfe eines Architekten können Bauherren ihre Wünsche, ihren Lebens- und Wohnstil verwirklichen – und diesen auch nach außen zeigen.

PRIORITÄTEN SETZEN

All das, was sich später nicht mehr ändern lässt oder nur mit unverhältnismäßig großem Aufwand, muss gleich stimmen. Wenn das Budget eng ist, kann man auch in Etappen bauen: Etwa den Estrich nur wachsen und den Bodenbelag später verlegen; den hochwertigen Innenausbau vertagen oder die Kosten durch Eigenleistung niedriger halten. Auch ein paar

Urlaube im eigenen Garten entlasten den Geldbeutel. Es kommt wie immer darauf an, was einem wichtig ist.

COCOONING

Familie Bartholomäy beauftragte das Büro Fabi Architekten mit dem Um- und Anbau. Schon von Weitem fällt die Vorliebe für den Baustoff Holz und dessen hochwertige, handwerkliche Bearbeitung auf. Die Holzbox sitzt auf einem massiven Untergeschoss, was jedoch nur von der Gartenseite zu sehen ist. Der Zuweg führt genau in die Fuge zwischen Alt und Neu – und vor eine Spiegelfläche, welche die Wohnstraße vis-à-vis widerspiegelt und die Nahtstelle verbirgt. Der Altbau erhält so maximale Eigenständigkeit. Durch diesen optischen Trick zeigen sich Haus und Bewohner auch als Teil der Siedlung. Haustür und Garderobe liegen im behutsam sanierten Altbau, wie auch die kleinteiligen Individual- und Schlafräume. Ein Treppenmöbel füllt mit vier Stufen und viel Stauraum die Übergangszone; das Oberlicht schenkt dem kurzen Tunnel Helligkeit. Im tiefer gelegten Anbau befindet sich der große Familienraum, mit Zugang auf die windgeschützte Terrasse. Maßmöbel mit fein dosierter Höhenstaffelung gliedern die Fläche in Kochzone, Essplatz und Sitzgruppe. Eine Treppe führt hinab zu Duschbad, Werkraum und einem kombinierten Büro- und Gästezimmer. Das hoch sitzende Fensterband belichtet übereck, dessen Brüstung steckt im Erdreich.

TRANSPARENZ Familie Ahrens-Semrau entschied sich für Berschneider + Berschneider Architekten, setzte auf elegantes Weiß sowie maximalen Gewinn an Licht und Wohnfläche. Die Idee der Einlieger-

wohnung wurde wieder aufgegriffen. Das Gartengeschoss des Anbaus mit rund 45 Quadratmetern kann separat genutzt werden, etwa als Gästebereich – so wie jetzt –, später auch von erwachsenen Kindern oder Großeltern oder von einem Mieter. Es ist möglich, diesen Bereich am unteren Treppenantritt abzutrennen – oben könnte alles gleich bleiben. Eine Außentreppe legte sich quer vor den Anbau, gleich hinterm Stellplatz. Senkrechte Lamellen geben der komplett verglasten Straßenfront Sicht- und Sonnenschutz, sie ziehen sich hinunter bis ins Untergeschoss und signalisieren, dass es dort eine gleichwertige Etage gibt. Die Koppelstelle zum Altbau besteht aus einem schmalen Flachdachstück, vorn zur Straße ergänzt durch eine große Glasfront. Gartenseitig schließt ein schmaler Glasstreifen die Fuge zwischen Alt- und Neubau. Dort gibt es keine Lamellen: Durchgucken statt

Wegspiegeln. Einblicke sind dennoch kaum möglich. Im neuen Erdgeschoss befindet sich ebenfalls ein großer Familienraum, doch offener konzipiert – und mit fließendem, niveaugleichem Übergang zum Altbau. Dieser erweitert das Wohnen durch ein Kaminzimmer, das drei Viertel der alten Etage einnimmt. Dafür wurden zwei Trennwände abgerissen und eine versetzt, um außerdem die komfortable Garderobe zu ermöglichen: viel Aufwand, doch mit großer Wirkung. Von der Straße sieht man nichts von den Neuerungen: Beim Sanieren wurden Materialien ergänzt, Details handwerklich und aufwendig wiederhergestellt, z.B. der grobe Außenputz und die Spenglerarbeiten.

Beide Familien genießen den Wohnkomfort mit ihren individuellen Gebäudepaaren und die Siedlung, die ihren Charakter trotz Weiterbauens behalten konnte.

Ganz links: Inszenierung der Nahtstelle: Eichenholz fasst Treppe, Kommode, Wand und Decke bandartig zusammen und nimmt die Idee des tiefen Laibungsrahmens um Wandöffnungen auf.

Links: Nische für zwei: Dort eine Kleinigkeit essen, miteinander reden, rausgucken und entspannen – das klappt auf der größeren Bank rechts auch mit bequem angezogenen Beinen.

Rechts oben: Im Winkel: Die Schiebetür öffnet sich terrassenbreit zum Freien. Holzbretter unter den Fenstern laden zum Verweilen ein, zum Beispiel, wenn die Sonne goldgelb am Horizont versinkt.

Rechts: Die Möbelfronten ordnen sich waagerecht in Streifen unterschiedlicher Höhe. Das Wechselspiel von Offen und Geschlossen erzeugt einen perfekten Rhythmus – auch ohne Symmetrie.

Haus Ahrens-Semrau

*»Wer die Fassade dämmt, muss die Fenster
weiter nach außen setzen – so wie vorher.
Sonst verliert das Haus an Charakter.«*

Links: Die Kochinsel rückt nicht nur räumlich ins Zentrum: Gemeinsames Kochen und Essen ist der Familie wichtig. Die Hochschränke verschwinden teils in einem Holzrahmen und zeigen so nur wenig von ihrer Tiefe.

Link unten: Das weiße Sideboard liefert viel Stauraum und schirmt zugleich elegant die Treppe daneben ab. Es betont die Längsrichtung im Raum – wie auch die Eichenholzdielen.

Rechts: Energiesparen und Denkmalschutz zugleich beherzigt: Dieses Siedlungshaus erfüllt heutige energetische Anforderungen und blieb dennoch bis ins Detail authentisch.

Rechts: Durchbruch zum Altbau: Drei Räume ergaben ein großes Kaminzimmer. Windfang und Haustür liegen an der alten Stelle hinter der Tür.

Unten: Blick von der Tür des Gäste- oder Kinderzimmers zur Giebelwand mit dem Fenster. Die raumhohe Duschabtrennung spiegelt Tageslicht und Wandleuchte.

DATEN & FAKTEN

Haus Bartholomäy (S. 64–67)
Grundstücksgröße: 661 m²
Wohnfläche: 185 m², davon 97 m² neu
Zusätzliche Nutzfläche: 90 m²
Bewohner: 5
Bauweise Anbau: Holzbau, Basisgeschoss massiv, verputzt
Haustechnik: Gasbrennwerttherme, kontrollierte Lüftung mit Wärmerecycling, Smarthome mit KNX-System
Reine Baukosten: 2919 Euro je m² Wohnfläche (hochgerechnet für 2017)

Planung:
Fabi Architekten BDA
Nina Fabi, Kristina Binder, Christina Engelmann
Glockengasse 10
93047 Regensburg
www.fabi-architekten.de

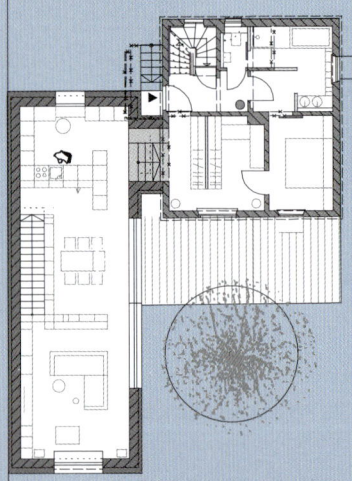

Erdgeschoss

KONZEPT

Der Anbau sitzt dicht an der Grundstücksgrenze; die Längswand blieb darum fensterlos. Durch ein raumhohes Glaselement vis-à-vis fällt viel Tageslicht in den Familienraum – und verbindet ihn mit dem Sitzplatz draußen. Vier Stufen führen aufwärts in den Altbau, der behutsam saniert wurde. Dessen kleinteiliger Grundriss blieb kostenbewusst weitgehend erhalten. Das Untergeschoss ragt auf der Gartenseite nur sockelartig aus dem Hang. Ein Fensterband übereck schenkt dem Arbeits- und Gästezimmer Licht und Ausblick in den Garten.

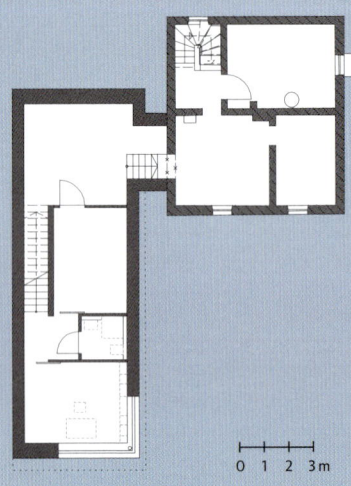

0 1 2 3 m

Untergeschoss

DATEN & FAKTEN

Haus Ahrens-Semrau (S. 68–69)
Grundstücksgröße: 898 m²
Wohn- und Nutzfläche: 254 m²,
davon neu 90 m² im Anbau
Bewohner: 3–5
Bauweise Anbau: massiv, verputzt
Haustechnik: Hybridheizung mit Luft-Wasser-
Wärmepumpe und Gasbrennwerttechnik,
Fußbodenheizung, Smarthome (FHEM); Wand-
flächenheizung (Altbau); Solaranlage, Zisterne
Endenergiebedarf: 26,8 kWh/(m²a)
Primärenergiebedarf: 52,2 kWh/(m²a)
Baukosten: k.A.

Planung:
Berschneider + Berschneider Architekten BDA
+ Innenarchitekten BDIA
Hauptstraße 12
92367 Pilsach
www.berschneider.com

KONZEPT

Familie Ahrens-Semrau bevorzugt offenes Wohnen: Kochen und Essen gehen ineinander über.
Wer sich in den kleinen Lesebereich zurückziehen möchte, der holt die Schiebetür aus ihrem
Parkplatz. Niveaugleich tritt man vom Neubau
in den großen Wohnraum im alten Haus, für den
drei Mini-Räume fusionierten. Ein Heizkamin
steht im Mittelpunkt. Das bestehende Obergeschoss wurde ebenfalls beherzt optimiert. Der
niveaugleich, ohne Stufen angedockte Neubau
plus das geschickt gestufte Gelände erlaubten
es, das Untergeschoss an der Schmalseite freizu-
legen. Dort entstand eine vollwertige Wohnung
mit Sitzplatz im Freien.

Erdgeschoss

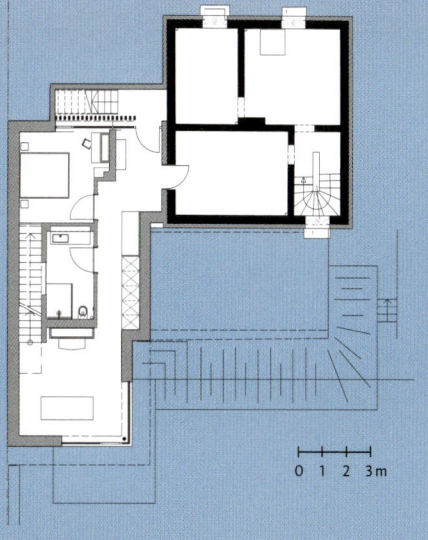

0 1 2 3m

Untergeschoss

Was kostet Ihr Haus?

Die Kosten sind ein Thema, das den Bauherrn durch den ganzen Bauprozess begleitet. Oft genug gibt es Missverständnisse und Kostenabweichungen. Versteht man als Bauherr, wie die Kosten zum jeweiligen Planungsstand erhoben werden, sorgt das für Klarheit.

nformieren Sie sich frühzeitig, was mit dem Hausbau auf Sie zukommt und wie die Planung abläuft. Definieren und kommunizieren Sie, was Ihnen wichtig ist. Der Architekt wird mit seinem Sachverstand dabei helfen, Ihre Interessen und Wünsche umzusetzen.

Von der ersten Aussage zu den Kosten des Hauses bis zur Abrechnung gibt es ein Regelwerk, das beschreibt, wie die Kosten zu planen, zu kontrollieren und zu steuern sind: die DIN 276, Teil 1 Kosten im Hochbau. Die Kosten werden in Stufen geplant und in 1., 2, und 3. Ebene der DIN 276 gegliedert: als **Kostenschätzung (1. Stufe), Kostenberechnung (2. Stufe)** und **Kostenanschlag (3. Stufe).**

Bei jeder weiteren Stufe werden die Kosten kontrolliert. Treten Kostenabweichungen auf, muss der Architekt darauf hinweisen und mögliche Maßnahmen zur Einhaltung des Budgets mit Ihnen absprechen.

Die DIN 276 ist auch Grundlage der Honorarordnung für Architekten und Ingenieure (HOAI). Diese beinhaltet Informationen über das zu erbringende Leistungsbild und die Vergütung. Die Leistungen sind gegliedert in neun sogenannte Leistungsphasen (LPH). Es steht Ihnen frei, was Sie aus dem gesamten Leistungsbild der HOAI bei der Planung beauftragen.

KOSTEN MEINES HAUSES

Die ersten Fragen und Aussagen zu Kosten beziehen sich meist nur auf die Gebäudekosten. In Büchern und im Internet können Sie erste Informationen zu Baukosten recherchieren. Eine realistische Einschätzung jedoch gibt der Architekt. Für erste Aussagen zu Kosten kann er statistische Daten, wie die des BKI – (Baukosteninformationszentrum Deutscher Architektenkammern), nutzen. Ein Planer mit Ortskenntnis wird die regionalen Unterschiede dabei berücksichtigen.

Zum Zeitpunkt der Vorplanung (LPH 2) sind viele Punkte noch nicht im Detail geklärt und daher mit Vorsicht einzustufen. Die statistischen Kostenkennwerte werden anhand von vergleichbaren Objekten gebildet und in € pro m³ BRI (Bruttorauminhalt) bzw. in € pro m² BGF (Bruttogrundfläche) dokumentiert. Während der Planer in der Regel als Bezugsgröße die Bruttogrundfläche (BGF = Summe der Grundflächen einschl. konstruktiver Umschließung) als Berechnungsbasis einsetzt, ist der Bauherr eher auf die Wohnfläche (WFL) fixiert. Die Abweichungen der Kennwerte auf Basis der Wohnfläche sind je nach Gebäudetyp aber deutlich größer als bei der Bruttogrundfläche. Das erklärt auch, warum der Fachmann lieber mit dieser arbeitet.

Begriffe nach DIN 276	
Kostenplanung	Gesamtheit aller Maßnahmen der Kostenermittlung, Kostenkontrolle und Kostensteuerung
Kostenermittlung	Vorausberechnung der entstehenden Kosten bzw. Feststellung der tatsächlich entstandenen Kosten
Kostenschätzung	Entscheidung über die Vorplanung
Kostenberechnung	Entscheidung über die Entwurfsplanung
Kostenanschlag	Entscheidung über die Ausführungsplanung und die Vorbereitung der Vergabe
Kostenfeststellung	Nachweis der entstandenen Kosten und Dokumentation
Kostenkontrolle	Vergleichen aktueller Ermittlungen mit Vorgaben und früheren Kostenermittlungen während des gesamten Projektlaufzeit

Begriffe /Definitionen der DIN 276 und Erläuterung

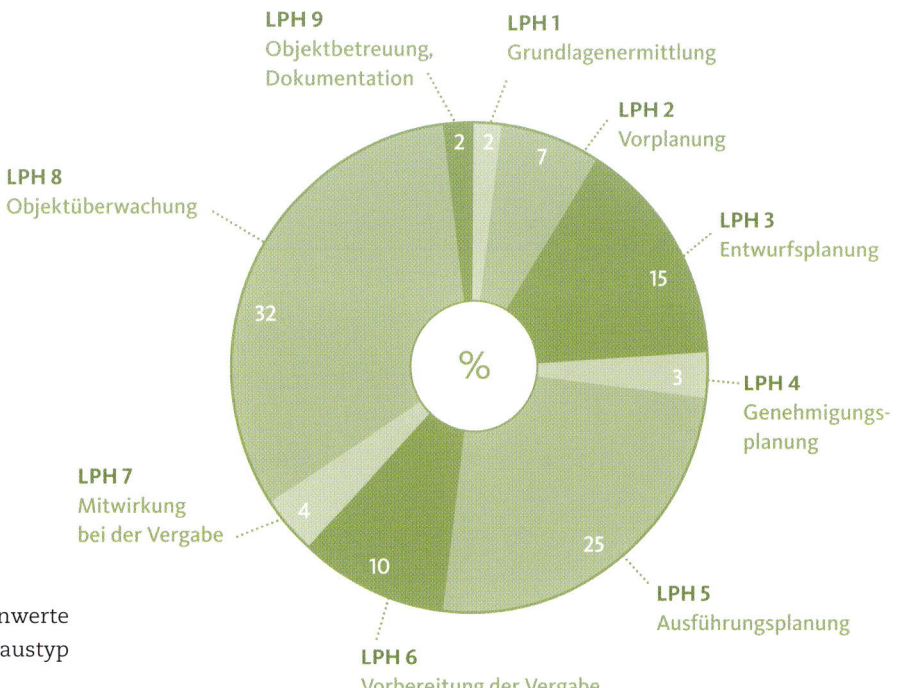

LPH 9
Objektbetreuung,
Dokumentation

LPH 1
Grundlagenermittlung

LPH 2
Vorplanung

LPH 8
Objektüberwachung

LPH 3
Entwurfsplanung

LPH 4
Genehmigungs-
planung

LPH 7
Mitwirkung
bei der Vergabe

LPH 5
Ausführungsplanung

LPH 6
Vorbereitung der Vergabe

Leistungsphasen der HOAI und Anteil am Architektenhonorar
Angaben (in Prozent)

Die statistischen Kostenkennwerte unterscheiden sich je nach Haustyp deutlich.

> **Reihenhäuser** sind mit Baukosten von 930 € /m² WFL und 1.490 € /m² BGF am günstigsten.

> Es folgen **Doppel- und Reiheneck-häuser** mit 1.040 € /m² WFL und 1.690 € /m².

> Am teuersten sind frei stehende **Einfamilienhäuser** mit 1.307 € /m² WFL und 2.207 € /m² BGF.

Diese Auswertung differenziert noch nicht, ob mit oder ohne Keller, mit Steil- oder Flachdach, gebaut wird.

In der Folge werden die Planungsstu-fen und Kosten eines freistehenden Ein-familienhauses näher beschrieben.

SO KÖNNEN SIE KOSTEN SPAREN

Die statistischen Werte müssen mit Sachverstand gelesen und für das jewei-lige Objekt interpretiert werden. Welche Arten von Einfamilienhäusern wurden für die Stichprobe verwendet und sind diese als Berechnungsbasis konkret für Ihr Haus geeignet? Oft wird bei Einfami-lienhäusern zunächst großzügig geplant. Es besteht dadurch oft die Möglichkeit, bei gleichen Kosten mehr Wohnfläche zu schaffen.

Wenig Unterschied ist bei statisti-schen Auswertungen zwischen Holz-haus und Massivhaus festzustellen. Auch ob die Außenwand aus Ziegel-mauerwerk, Kalksandstein oder Poren-beton gebaut wird, ist für die Gesamt-kosten nicht wesentlich. Ein klarer Grundriss und eine kompakte Bauweise helfen, die Kosten (und auch die Risiken bei der Ausführung) zu senken.

Der Öffnungsanteil und die Anord-nung der Fenster sind ein wesentlicher Kostenfaktor. Eckfenster und große Ver-glasungen sind beliebt und realisierbar, aber eben auch kostenintensiv. Die Wahl der Bodenbeläge ist ebenfalls ein Krite-rium, das sich auf die Gesamtkosten auswirkt. Ein grundsätzlicher Trend ist die Kostenverschiebung vom Rohbau zum Ausbau und zur Gebäudetechnik.

Diesem Beispiel einer Kostenschätzung bis zur 1. Ebene nach DIN 276 liegt ein typisches Einfamilienhaus mit Kellergeschoss, zwei Obergeschossen und Steildach zugrunde. Die Bruttogrundfläche (BGF) ist 330 m² (entspricht ca. 220 m² Nutzfläche) auf 600 m² Grundstücksfläche (GF). Die Bauwerkskosten mit den Baukonstruktionen (KG 300) und Technischen Anlagen (KG 400) betragen zusammen 367.950 €. Zu den Bauwerkskosten müssen nach DIN 276 noch weitere Kosten in einer Gesamtzusammenstellung erfasst werden.

Kostenschätzung nach DIN 276				Brutto
Kostengruppe	Menge	Einheit	KKW* [€/Einheit]	Kosten [€]
100 Grundstück	600,00	m² GF	200,00	120.000
200 Herrichten und Erschließen	450,00	m² GF	25,00	11.250
300 Bauwerk – Baukonstruktionen	330,00	m² BGF	900,00	297.000
400 Bauwerk – Technische Anlagen	330,00	m² BGF	215,00	70.950
500 Außenanlagen	480,00	m² AF	48,00	23.040
600 Ausstattung und Kunstwerke	–		–	–
700 Baunebenkosten				66.000
Gesamtkosten				588.240

Beispiel, Kostenschätzung nach DIN 276 (Stand 1. Quartal 2017)

*Baukosten und Kostenkennwerte (KKW) aller Tabellen aus: BKI Baukosten 2017

Die Kosten für die Gebäudetechnik steigen mit jeder neuen Fassung der Energieeinsparverordnung (EnEV). War früher ein Heizkessel für Wärme- und Warmwassererzeugung notwendig, ist jetzt zumindest die zusätzliche Solaranlage die Mindestanforderung. Dieser Kostenanstieg ist aber moderat und nur ein Grund steigender Kosten in der Technik. Grundsätzlich sind die erhöhten Forderungen an die Gebäudetechnik sinnvoll, da hiermit die Betriebskosten des Gebäudes gesenkt werden. Die Kosten der Instandhaltung sollten aber auch bedacht werden.

DIE KOSTENSCHÄTZUNG

In der Leistungsphase 2, der Vorplanung, erhalten Sie als Bauherr mit der Kostenschätzung die erste Zahl zu den Gesamtkosten. Sie ist daher von besonderer Bedeutung und wird Sie den gesamten Planungsprozess über begleiten. Die DIN 276 unterscheidet sieben Kostengruppen (siehe Tabelle). Die Kostengruppen 300 und 400 zusammengefasst nennt man Bauwerkskosten.

Neben den konkreten Grundstückskosten (KG 100) sind mit dem Grundstück auch Auflagen verbunden, die kostenrelevant sein können: Was darf überhaupt gebaut werden? Welcher Flächenverbrauch ist zulässig? Welche Abstandsflächen und Traufhöhen sind einzuhalten? Welche Dachform und Dachneigung sind erlaubt? Dürfen

Kostenberechnung nach DIN 276				Brutto
Kostengruppe	Menge	Einheit	KKW* [€/Einheit]	Kosten [€]
310 Baugrube	425,00	m³	30,00	12.750
320 Gründung	120,00	m²	190,00	22.800
330 Außenwände	350,00	m²	310,00	108.500
340 Innenwände	245,00	m²	170,00	41.650
350 Decken	210,00	m²	280,00	58.800
360 Dächer	150,00	m²	280,00	42.000
370 Baukonstruktive Einbauten				3.000
390 Sonstige Maßnahmen				10.000
300 Baukonstruktionen				299.500

Beispiel Kostenberechnung (Auszug) nach DIN 276 (Stand 1. Quartal 2017)

Die Kostenberechnung ist die Detaillierung der vorhergehenden Kostenschätzung. Die Aussagen sind präziser, aber noch nicht differenziert genug, um daraus die konkreten Kosten für den Roh- und Ausbau herauslesen zu können. Die Außenwände – mit Kellerwand, Außenwand und Öffnungen – werden als Gesamtmenge in Summe gelistet. Auch in dieser Phase gibt es somit noch Spielräume für die weitere Planung.

Dachgauben eingebaut werden? Will man eine Wärmepumpe mit Erdsonden betreiben, muss die Realisierbarkeit vorher geklärt werden. Alternative Wärmepumpenanlagen mit Energiekörben oder erdverlegten Leitungen, bzw. als Luftwärmepumpe sind möglich. Sie reduzieren aber auch die Energieausnutzung und erhöhen damit die Anforderungen an die Baukonstruktion.

Die **Erschließungskosten (KG 200)** sind nicht unbedeutend und sollten möglichst früh ermittelt werden. Den Erschließungsbeitrag bekommt man bei der zuständigen Behörde. Die Anschlusskosten können beim regionalen Versorgungsunternehmen abgefragt werden. Das Grundstück sollte frei von Altlasten und die Bebaubarkeit nicht eingeschränkt sein. Eine Hanglage kann einen Baugrubenverbau notwendig machen und erhebliche Kosten verursachen.

Die **Bauwerkskosten (KG 300, KG 400)** haben in der Regel den größten Kostenanteil innerhalb der Gesamtkosten. Deshalb ist es sinnvoll, sich frühzeitig über den Bedarf an Wohnfläche

und das Ausstattungsniveau auszutauschen. Jeder Quadratmeter Fläche kostet zusätzlich, und die Ausstattung beeinflusst wesentlich die Gebäudekosten. In dieser Phase wird in der Regel nur ein grobes Qualitätsniveau (einfacher / mittlerer / hoher Standard) ausgewählt. Es lohnt sich, dabei schnell konkret zu werden und gemeinsam Entscheidungen zu treffen.

Die Kosten für die **Außenanlagen (KG 500)** führt der Architekt in einer Gesamtzusammenstellung auf. Die Kostengruppe **Ausstattung und Kunstwerke (KG 600)** wird bei Wohngebäuden oft nicht beauftragt. In den **Baunebenkosten (KG 700)** sind Planungskosten (u.a. das Architektenhonorar), Gebühren, Versicherungen, Finanzierungskosten sowie Nebenkosten für Telefon- und Kopiergebühren enthalten.

DIE KOSTENBERECHNUNG

Sind die grundlegenden Fragen zur Bebaubarkeit beantwortet und die Rahmenbedingungen klar, entsteht der Entwurfsplan (LPH 3). Damit kann das Gebäude genauer berechnet werden. Hier-

zu werden vergleichbare, abgerechnete Objekte als Basis verwendet und bis zur 2. Ebene der DIN 276 ausgewertet. Diese Kostenberechnung wird mit der Kostenschätzung verglichen. Wenn es Abweichungen gibt, wird der Architekt Sie darauf hinweisen.

Der Fensteranteil bei Einfamilienhäusern liegt in der Regel zwischen 16 und 25 %. Ein guter Mittelwert ist 20 % der Außenwandkonstruktion. Wünschen Sie sich deutlich mehr hochwertige Fensterflächen, ist das für den Planer eine wichtige Information. Verzichtet man auf einen Keller, spart das bis zu ca. 25.000 €. Man muss aber Ersatzräume für die Heizung und Abstellräume schaffen.

DER KOSTENANSCHLAG

Grundsätzlich kann die Planung in beschriebener Weise auf die 3. Ebene der DIN 276 verfeinert werden. Präziser wird es, wenn die Baukonstruktionen und Ausstattungen mit Bauteilen (Elementen) berechnet werden. Hier wird sehr genau mit realen Planungsmengen gerechnet und Bauteile werden konkret

Kostenermittlung mit Bauteilen				Netto
Beschreibung	Menge	Einheit	KKW* [€/Einheit]	Kosten [€]
Kellerwand aus Stahlbeton, wasserundurchlässig, 25 cm, Perimeterdämmung, innen Silikatfarbe	87,00	m³	235,00	20.445
Außenwandkonstruktion aus Plan-Leicht-Hochlochziegeln 36,5 cm, außen Kalkzementputz, innen Kalkgipsputz, beidseitig Silikatfarbe	210,00	m²	200,00	42.000
Hauseingangstür aus Aluminium mit Seitenteil, Briefkasten, 2,4 x 2,7 m	1,00	St	4.500,00	4.500
Aluminium-Holz-Fenster und Fenster-Türen, Rollläden aus Leichtmetall	47,00	m²	740,00	34.780
Kellerfenster mit Kunststofflichtschächten	4,00	St	460,00	1.840
330 Baukonstruktionen, Außenwände				103.565

Beispiel Kostenermittlung mit Bauteilen, Auszug der Außenwandkonstruktionen

beschrieben. Vorschläge und Varianten können mit berechneten Kosten als Entscheidungshilfe dienen. Allgemeine Definitionen, wie das Ausstattungsniveau niedrig / mittel / hoch, werden hier festgelegt. Sie können bzgl. Kosten und Nutzen besprochen und beschrieben werden. Nach HOAI ist das eine besondere zu vergütende Leistung.

Diese Art der Berechnung ermöglicht sehr genaue Kostenaussagen. Voraussetzung ist, dass mit Ihnen als Bauherr die Qualitäten und Kosten der Bauteile, Anlagen und Ausstattungen abgesprochen sind und keine Planungsänderungen mehr kommen. So entsteht eine Baubeschreibung mit genauer Qualitätsfestlegung, geplanten Mengen und den Kosten. Treten Kostenabweichungen zur Vorplanung auf, sind diese wieder mit Ihnen abzustimmen.

AUSSCHREIBUNG, VERGABE UND ABRECHNUNG

Eine neutrale Ausschreibung (in LPH 6) schafft einen gewünschten Wettbewerb bei den Anbietern. Diese wird als sogenanntes Leistungsverzeichnis an Unternehmer bzw. Handwerker versendet.

Diese kalkulieren die Preise und geben ihre Angebote ab. Der Planer stellt die Ergebnisse in einem Preisspiegel zusammen und berät mit Ihnen, an wen die Leistungen vergeben werden (LPH 7). Die Auftragserteilung ist dann Ihre Aufgabe als Bauherr.

Angebote von Unternehmen außerhalb der Region sollten dann eingeholt werden, wenn die Gegend als hochpreisig bekannt ist. Lage und Finanzkraft in der Region sind wesentlich für das Angebotsniveau. Wenn die Preisunterschiede zwischen den Anbietern unbedeutend sind, ist eine regionale Vergabe die bessere Lösung. Sind Nachbesserungen notwendig, ist die Bereitschaft bei ortsnahen Unternehmen eher zu erwarten.

Erst in der Phase der Vergabe wird es ganz konkret, was Ihr Haus wirklich kosten wird. Es hat sich bewährt, die Ausschreibung frühzeitig zu erstellen, um ein Zeitpolster bei der Vergabe zu haben. Dann können bei Überschreitungen der geplanten Kosten nochmals Angebote eingeholt werden. Auch der Zeitpunkt des Versands kann entscheidend für günstige Angebote sein. Beispielsweise dann, wenn die Auftragslage des Handwerkers nicht gut ist oder die Auftragsbücher für das nächste Jahr noch nicht gefüllt sind.

Sind die Leistungen vergeben, werden alle folgenden Änderungen als Nachträge behandelt. Auch hier sind wesentliche Kostenänderungen dem Bauherrn mitzuteilen. Besonders störend im Ablauf kann sein, wenn ein Unternehmer in der Bauphase nicht termingerecht erscheint oder gar in Konkurs geht. Terminverschiebungen führen dann nicht selten zu einem Dominoeffekt bei anderen Handwerkern und somit zu Mehrkosten. Sie sollten also vor Vergabe die Bonität der Unternehmen prüfen und Referenzen einfordern, damit die Planung termingerecht abgewickelt wird.

Abschließend werden die Leistungen abgerechnet und eine Kostenfeststellung gemacht. Ist die HOAI »umfänglich vereinbart«, erstellt Ihnen der Architekt eine Dokumentation des fertiggestellten Gebäudes. Diese beinhaltet auch einen Energienachweis.

Kennen Sie den Ablauf der Planung, können Sie Ihre Vorstellungen besser mit dem Planer absprechen und schneller die Risiken minimieren. Kennen Sie auch den Ablauf der Kostenplanung, wird es helfen, die Kostenaussagen zum jeweiligen Planungsstand realistisch einzuordnen.

Die Baufinanzierung

Um das eigene Haus zu bauen, braucht es nicht nur fähige
Baupartner. Die Grundvoraussetzung, damit das Projekt
Traumimmobilie gelingen kann, ist eine solide Baufinanzierung.

Ganz gleich, ob man ein Haus neu baut oder eine Etagenwohnung kauft – beim Immobilienerwerb geht es in aller Regel um sehr große Geldsummen. Die wenigsten Menschen können die Investition aus eigenen Mitteln begleichen, in den meisten Fällen ist eine Finanzierung notwendig. Baugeld von einer Bank zu bekommen, ist in den vergangenen Jahren aber etwas schwieriger geworden. Vielerorts in Deutschland sind die Preise für Wohnung und Eigenheim geradezu explodiert. Um zu verhindern, dass sich private Immobilienkäufer finanziell übernehmen, hat die Bundesregierung ein Instrument geschaffen: die »Wohnimmobilienkreditrichtlinie«. Seit dem Inkrafttreten der Richtlinie im Jahr 2016 müssen Bankberater, bevor sie einen Baukredit gewähren, genau prüfen, ob der Schuldner auch langfristig in der Lage ist, seine Hypothekenraten zu zahlen. Umso wichtiger ist eine solide Finanzierung von Anfang an. Und die hängt nicht nur von möglichst niedrigen Darlehenszinsen ab. Damit die Traumimmobilie auf einem sicheren finanziellen Fundament steht, müssen Bauherren viele Aspekte beachten.

EIGENKAPITAL Kreditinstitute dürfen Immobilien nur bis zu einer vorgegebenen Grenze beleihen. Aus diesem Grund müssen Bauherren in ihre Hausfinanzierung in der Regel 20 bis 30 Prozent eigenes Geld stecken. Optimal ist ein Verhältnis von Eigenkapital zu Fremdmittel von 40 zu 60. Zum Eigenkapital gehören nicht nur Sparguthaben, Festgeld und Wertpapiere. Auch das angesparte Bausparguthaben zählt zum Eigenkapital, wenn die Immobilie über einen Bausparvertrag mitfinanziert wird. Geschickte Bauherren haben die Möglichkeit, durch Eigenleistung bis zu 10 Prozent der Baukosten einzusparen. Viele Banken rechnen das an und nehmen die sogenannte Muskelhypothek als Eigenkapital in den Finanzierungsplan auf. Aber Vorsicht: Während Bauherren die eigenen Fähigkeiten oft überschätzen, unterschätzen sie leicht, wie viel Zeit sie dafür auf der Baustelle verbringen müssen. Eine bessere Strategie besteht darin zu überlegen, ob sich die eigenen Geldmittel erhöhen lassen: Oft sind Eltern oder andere enge Verwandte bereit, junge Bauherren mit einer Schenkung von einigen Tausend Euro zu unterstützen. Und wer schon ein Finanzpolster besitzt, sollte auch möglichst alles einsetzen. Selbst wenn die Darlehenszinsen niedrig sind, zahlt es sich nicht aus, Eigenkapital zurückzuhalten: Wer mehr Geld aufnimmt, braucht länger, bis er seinen Kredit getilgt hat und wieder schuldenfrei ist. Bauherren zahlen daher mehr Zinsen und sie zahlen auch höhere Zinssätze, wenn sie weniger Eigenkapital einbringen. Was für die Immobilienfinanzierung nicht angetastet werden sollte, sind lediglich Lebensversicherungen und Altersvorsorge sowie eine Reserve für den Notfall in Höhe von zwei bis drei Nettomonatsgehältern.

ZINSBINDUNG Wer günstiges Baugeld sucht, sollte sich nicht allein auf seine Hausbank verlassen. Verbraucherschützer stellen immer wieder fest, dass sich die Konditionen der Finanzinstitute ganz erheblich unterscheiden: Experten raten, wenigstens drei bis vier Angebote einzuholen. Eine wichtige Entscheidung bei der Immobilienfinanzierung ist die Laufzeit des Kredits. Eine kurze Finanzierung über fünf oder zehn Jahre ist zwar oft deutlich günstiger. Wenn die Zinsen aber in der Zwischenzeit steigen, können auch die Raten bei einer notwendigen Anschlussfinanzierung deutlich höher ausfallen. Wenn die Zinsen bei Kreditaufnahme niedrig sind, sichern sich Bauherren mit einer langen Zinsbindung die günstigen Konditionen. Und wenn die Zinsen wider Erwarten doch fallen? Kein Problem: Jeder Kreditnehmer hat nach zehn Jahren ein gesetzliches Kündigungsrecht, ganz gleich, wie lange die Zinsbindung vereinbart wurde.

TILGUNG Die monatliche Rate, die der Darlehensnehmer zahlt, besteht aus Zinsen und Tilgung. Die meisten Finanzinstitute rechnen mit einer Anfangstilgung von 1 Prozent. Bei niedrigen Darlehenszinsen ist dann die monatliche Belastung zwar gering. Aber es dauert auch sehr viele Jahre, bis der Kredit zurückgezahlt ist. Um seine Schulden schneller wieder loszuwerden, sollte man daher eine höhere Anfangstilgung wählen: am besten 3 Prozent oder mehr. Außerplanmäßige Rückzahlungen, sogenannte Sondertilgungen, helfen, die Verbindlichkeiten zügiger zu reduzieren. Ein allgemeines Recht auf Sondertilgungen gibt es nicht. Schon bei der Wahl des Kreditangebots sollten Immobilienkäufer darauf achten, dass der Finanzdienstleister kostenlos ein Sondertilgungsrecht anbietet. Üblicherweise wird einmal im Jahr ein Sondertilgungsrecht in Höhe von 5 Prozent der Darlehenssumme gewährt. Wer seine Immobilie über einen Bausparvertrag finanziert, braucht sich darum keine Gedanken zu machen. Bei Bausparverträgen sind Sonderzahlungen problemlos möglich.

FÖRDERMITTEL Wer heute ein Haus baut, muss Richtlinien zur Energieeffizienz einhalten. Energiebewusstes Bauen fördert der Staat über die bundeseigene Förderbank Kreditanstalt für Wiederaufbau (KfW) mit vergünstigten Baudarlehen bis 100.000 Euro. Bauherren, die ihre Immobilie besonders energieeffizient errichten, erhalten darüber hinaus auch einen Tilgungszuschuss. Je weniger Energie das neue Gebäude verbraucht, umso höher der Zuschuss. Maximal winken 15.000 Euro, die Kreditschuld und Zinsenlast verringern. Unabhängig von den Energiewerten hält die KfW ein Förderprogramm für Wohneigentum bereit: Einen vergünstigten Kredit bis zu 50.000 Euro können Bauherren und Käufer beantragen, die in ihr Eigentum selber einziehen wollen. Auch die Bundesländer und einzelne Kommunen helfen mit verbilligten Krediten oder anderen Maßnahmen beim Erwerb von Eigentum. Einen Überblick über regionale Förderprogramme listet zum Beispiel die Webseite www.aktion-pro-eigenheim.de.

ANSCHLUSSFINANZIERUNG
Mit nur einem Baudarlehen ist es oft nicht getan. Nach Ende der Laufzeit, in 10, 15 oder 20 Jahren, bleibt vielen Bauherren und Käufern noch eine Restschuld. Eine Anschlussfinanzierung ist notwendig. Um dieses Thema sollten sich Darlehensnehmer frühzeitig kümmern – am besten mindestens zwei Jahre, bevor der aktuelle Kredit ausläuft. Die darlehensgebende Bank wird zwar rechtzeitig ein Angebot für eine Anschlussfinanzierung unterbreiten. Verbraucherverbände raten aber dringend, weitere Angebote einzuholen, da Banken bestehenden Kunden selten die besten Konditionen bieten. Immobilieneigentümer benötigen nicht nur ausreichend Vorlauf, um Angebote zu vergleichen. Mit einem sogenannten Forward-Darlehen sichern sich Darlehensnehmer auch frühzeitig vor steigenden Zinsen ab. Finanzinstitute garantieren bis maximal fünf Jahre im Voraus einen Festzins für den in der Zukunft benötigten Kredit. Für diese Sicherheit verlangt die Bank allerdings einen Zinsaufschlag. Dafür fallen keinerlei Bereitstellungszinsen an, obwohl das neue Darlehen erst zum vereinbarten Zeitpunkt in Anspruch genommen wird.

> *Es lohnt sich immer, mehrere Kreditangebote einzuholen.*

Wie viel Haus kann ich mir leisten?

Solide finanzieren: Die monatlichen Kosten für das neue Eigenheim sollten nicht mehr als 30 bis maximal 40 Prozent des Nettoeinkommens ausmachen. Wer höher finanziert, muss damit rechnen, seinen bisherigen Lebensstandard deutlich einzuschränken.

Kassensturz: Wie viel Geld regelmäßig für die Baufinanzierung zur Verfügung steht, zeigt ein kritischer Blick in eine Ausgabenübersicht der vergangenen Monate. Auch jährlich anfallende Kosten für Versicherungsbeiträge und Urlaube müssen berückichtigt werden.

Nebenkosten: Zusätzlich zu dem Kaufpreis einer Immobilie belasten etwa 15 Prozent Kaufnebenkosten das Budget, etwa für Makler, Notar und Grunderwerbssteuer. Bauherren zahlen oft sogar 30 Prozent Baunebenkosten. Denn beim Hausbau kommen weitere Ausgaben zum Beispiel für Grundstückserschließung, Versicherung und Bodengutachten hinzu.

Instandhaltung und Betrieb: Immobilienbesitzer tun gut daran, regelmäßig Geld für Wartung und Reparatur zurückzulegen. Faustregel: Pro Monat 1 Euro je Wohnquadratmeter. Hinzu kommen die normalen Nebenkosten für Strom, Heizung, Wasser etc. Achtung: Das neue Eigenheim ist oft deutlich größer als die Mietwohnung. Damit steigen auch die laufenden Kosten.

Nebenkosten: Beispielrechnung

Nebenkosten beim Hauskauf
Diese Nebenkosten fallen an, wenn Sie beim Hauskauf 200 000 Euro Kredit aufnehmen.

Kaufpreis:. .. ..300 000,00 Euro
Grunderwerbssteuer* 6,5 % ....19.500,00 Euro

Notargebühren
Immobilienkaufvertrag ....1.637,50 Euro
Grundschuldbestellung .... 435,00 Euro

gesamt netto .... 2.072,50 Euro
gesamt inkl. Mehrwertsteuer .... 2.466,28 Euro

Gebühren Grundbuchamt
Eintragung der Vormerkung .... 317,50 Euro
Eintragung der Grundschuld .... 435,00 Euro
Eigentums-Umschreibung .... 635,00 Euro
Löschung der Vormerkung .... 25,00 Euro
gesamt ....1.412,50 Euro

Maklercourtage* 3,57 % ....10.710,00 Euro
(inklusive Mehrwertsteuer)

Gesamtkosten ....334.088,78 Euro

* Grunderwerbsteuer und übliche Maklercourtage variieren je nach Bundesland. 6,5 Prozent, den Höchstsatz der Grunderwerbssteuer, zahlen Käufer in Nordrhein-Westfalen, Thüringen, Schleswig-Holstein, Brandenburg und im Saarland. Kosten für die Bestellung und Eintragung der Grundschuld sind abhängig von der Finanzierungsschuld, hier sind es 200.000 Euro
Quelle: Bundesnotarkammer

Eigenleistung

Wer Eigenleistung richtig plant, hält die Kosten niedriger. Wer jedoch
ohne Plan agiert, zahlt drauf. Es ist falsch, große Löcher in der Finanzierung
durch enorme Muskelhypothek stopfen zu wollen. Bleiben Sie realistisch.
Wie viel Zeit können Sie erübrigen? Sparfaktor für Berufstätige: bis 10 Prozent.
Wer täglich auf seiner Baustelle arbeiten kann, spart maximal ein Drittel.

Was und wie viel man selber machen kann, hängt ab von Konstruktion und Material des Hauses, vom handwerklichen Können und von der verfügbaren Zeit des Bauherrn. Besonders gut eignen sich Arbeiten, die einfach und lohnintensiv sind und bei denen sich größerer Maschineneinsatz nicht lohnt: etwa

Probleme vermeiden

Selbstbauer zahlen selbst, wenn etwas schiefgeht. Schwierig wird es dort, wo sich die eigene Arbeit mit der des Profis überschneidet. Wer sich Gewährleistungsansprüche gegenüber Firmen sichern möchte, muss im Vertrag sorgfältig festlegen, wo deren Leistung beginnt und endet; welche Genauigkeit der Heimwerker abliefern muss, damit die Profis ohne Bedenken weiter arbeiten können oder auch welche Trocknungszeiten einzuhalten sind und nicht zuletzt, wann die Arbeit fertig sein muss. Am besten ist es, wenn die Firma ihre Arbeit abschließt, der Bauherr die Leistung förmlich abnimmt und danach selber arbeitet – etwa ausbaut.

Anstreichen und Tapezieren, das Legen von Fußböden und Fliesen, Spachtel- oder Putzarbeiten, das Montieren von Leichtbauwänden oder Holzprofilen. Es wäre beispielsweise unsinnig, eine normale Baugrube von Hand auszuheben; ein Bagger macht das schneller – und hat hinterher keine Rückenschmerzen. Berufstätige arbeiten rund 1600 Stunden jährlich, sie sind werktags von morgens bis abends weg. Darum sollte man höchstens 20 Stunden für Eigenleistung pro Woche einrechnen und nur 40 Wochen ansetzen: macht 800 Stunden. Denn Sie sollten außer der Zeit für die Familie auch Krankheiten oder Notfälle einkalkulieren. Weniger geübte Heimwerker brauchen zudem länger; viele neigen dazu, ihre Fähigkeiten zu überschätzen.

GEBORGTE ZEIT Wenn die eigene Freizeit nicht ausreicht, können Verwandte und Freunde einspringen. Der Bauherr muss seine Helfer bei der gesetzlichen Unfallversicherung BG BAU melden und Beiträge zahlen. Vergisst er das, sind die Helfer dennoch versichert. Aber er riskiert ein Bußgeld bis zu 2500 Euro und – falls ein Unfall passiert und

Kosten entstehen – Regressansprüche der BG BAU. Wenn Nachbarn sich jedoch gegenseitig und unentgeltlich helfen, gilt dies als Gefälligkeit. Ist unter den Helfern ein Profi, könnte Schwarzarbeit vermutet werden. Enge Verwandte brauchen dies nicht zu befürchten. Sonst kommt es darauf an, dass kein Geld gezahlt wird, und der Bauherr dem befreundeten Profi ebenfalls Arbeitszeit zum Ausgleich schenkt. Infos sind unter www.bgbau.de bzw. unter www.zoll.de (zum Thema Schwarzarbeit) zu finden.

ERFAHRUNG NUTZEN Suchen Sie einen Architekten, der sich mit preiswertem Bauen und mit Eigenleistung auskennt. Er weiß, was Heimwerker leisten können, entwirft einfache Details, entscheidet sich für leicht zu bearbeitende Materialien. Er wird ein Konstruktionsraster wählen, zu dem handliche Formate passen – etwa Ein-Mann-Platten für den Trockenbau. Diese können Sie auch allein transportieren und montieren.

Heimwerker erarbeiten sich den Lohnanteil und die Gemeinkosten plus Mehrwertsteuer. Materialkosten hingegen fallen immer an. Bewahren Sie Belege auf und klären Sie, ob Sie die Kosten steuerlich geltend machen können.

Links: Schützen Sie sich, auch wenn Sie nur noch schnell etwas erledigen wollen – erfahrungsgemäß ist dies gerade dann besonders wichtig.

Rechts: Fugen im Trockenbau verspachteln: Das klappt gut über gerundeten oder gefasten Rändern von Gipsplatten.

Oben: Oberflächen können nur so gut sein wie deren Untergrund. Streben Sie nach Perfektion. Ein flottes »Passt schon« bei den Vorarbeiten führt später zu Korrekturen, die unnötig Nerven und Material kosten.

Wenn Sie manche Arbeiten vertagen möchten: Sprechen Sie mit Ihrem Architekten darüber. Man kann zunächst auch auf Spanplatten oder Estrich wohnen, bis wieder Geld da ist. Es müssen lediglich die Maße für den Endzustand eingeplant werden. Der größte Sparfaktor liegt beim Bauherrn selbst und seinen Wünschen. Muss es denn ein teures Walmdach sein? Ein simples Satteldach – noch besser ein Pultdach – kostet erheblich weniger, und Einfaches sieht oft besonders schön aus. Ist der Keller nötig oder reicht ein Schuppen im Garten für Geräte und Fahrräder? In einem Erdkeller kann man die Gartenernte besser aufbewahren als im Keller eines Neubaus: In einem exzellenten Energiesparhaus wird auch das Untergeschoss bestens gedämmt sein – und darum ist darin ein kalter Keller nicht mehr machbar. Wenn das Grundwasser hoch steht, müssten Sie das Untergeschoss wasserdicht als sogenannte Weiße Wanne ausführen lassen – und diese kostet enorm. Wenn Sie also an Gebäudeform und Materialkosten durch angepasste Wünsche viel sparen können, dann ist eventuell weniger Eigenleistung nötig und der Aufwand wird besser überschaubar.

SAFETY FIRST Es ist noch kein Meister vom Himmel gefallen, auch routinierte Heimwerker können immer noch lernen. Was man stets beherzigen muss: Gesundheitsschutz geht vor. Tragen Sie Schutzbrille und Handschuhe. Nitril-Handschuhe kosten dreimal mehr als andere, sind aber haltbarer, bequemer und man kann sicherer damit arbeiten. Achten Sie bei Leitern und anderen Steighilfen auf rutsch- und kippfesten Stand. Eng anliegende Kleidung und feste Schuhe tragen, Haare zurückbinden, Ringe ablegen. Nehmen Sie die Warnzeichen auf den Packungen und Gebinden ernst. Verwenden Sie Tapetenlöser oder Anti-Schimmel-Lösung nur flüssig; versprühen Sie am besten nichts. Denn es ist wenig erforscht, wie Aerosole sich auf die Gesundheit auswirken. Wenn sich das Sprühen von Mitteln und Farbe nicht vermeiden lässt: unbedingt effektiven Atemschutz anlegen. Das gilt auch, wenn Sie die Baustelle mit dem Besen reinigen, staubsaugen oder Materialien schleifen. Je feiner der Staub, desto gefährlicher ist er für die Lunge. Wenn Maschinen lärmen: Gehörschutz aufsetzen. Gehen Sie in die Hocke, halten Sie den Rücken gerade und spannen Sie die Gesäß- und Bauchmuskeln an, bevor Sie Lasten anheben. Stellen Sie ein Bein auf einen kleinen Tritt, wenn Sie an der Werkbank arbeiten – dies entlastet die Lendenwirbel. Legen Sie auf gutes Markenwerkzeug Wert und kaufen keinen Ramsch zum Schleuderpreis – das gilt für mechanisches Werkzeug und besonders für Elektrogeräte. Lesen Sie die Gebrauchsanleitung vorab genau durch. Abschalten und Gerätestecker ziehen bei Bohrer- und Sägeblattwechsel. Reparieren Sie Geräte und Kabel nie selbst. Stets Zwischenstecker oder eine Kabeltrommel mit eingebautem Fehlerstromschutzschalter verwenden. Dieser trennt blitzschnell das Gerät vom Netz, falls Strom an falscher Stelle fließt. Halten Sie Ordnung, vermeiden Sie Kabelsalat und andere Stolpergefahren.

Verweilen Sie nicht zu lange in unbequemer Arbeitshaltung: Man ermüdet sonst rasch und riskiert Schmerzen. Erledigen Sie zwischendurch etwas anderes oder verändern Sie ganz bewusst Ihre Haltung während der Arbeit. Und vor allem ohne Hast arbeiten: Eile, Müdigkeit, Verärgerung und Unachtsamkeit erhöhen unnötig das Unfallrisiko.

Neubau hinterm Elternhaus

Gründungsphasen sind immer Abenteuer. Bei den Büttners kamen gleich drei zusammen: Der junge Architekt machte sich mit dem eigenen Büro selbständig. Elisabeth und Markus wollten ihren Traum vom eigenen Haus realisieren. Und nicht zuletzt wünschte sich das Paar ein Kind. Alles wurde innerhalb von gut zwei Jahren verwirklicht.

Was können wir uns leisten – und wie viel Haus bekommen wir dafür? Elisabeth und Markus schauten sich um in Passau, wo sie zur Miete wohnten. Ein eigenes Stadthaus konnten die beiden finanziell nicht stemmen. Also suchten sie weiter draußen. Sie besuchten die Eltern von Markus in Winkelbrunn, einem Ortsteil von Freyung. »Dann baut doch hier bei uns. Im Garten ist genug Platz«, meinten die Eltern. Der Sohn erinnerte sich an seine Kindheit, an die schöne Landschaft mit den Wiesen und Wäldern, an die Ausflüge zum Saußbach, an dessen Seen und Klamm. Die kleine Klara, die inzwischen zur Welt gekommen war, würde im Grünen aufwachsen, Oma und Opa gleich nebenan wohnen.

SPARPROGRAMM Das vorhandene Grundstück entlastete das Budget enorm. Und wie man preiswert plant und baut, das gehört zum Repertoire des Architekten. Wohnhäuser mit einfacher Form und üblicher Größe kommen rund 15 Prozent günstiger als komplexe, zudem verliert ein kompakter Baukörper weniger Heizenergie. Ein schlichtes Satteldach kostet wesentlich weniger als ein kompliziertes. Büttner ließ seinen Neubau aus raumseitig wohnfeinen Brettschichtplatten montieren: Die vorgefertigten Fichtenholzelemente sind 10 Zentimeter stark und 15 Meter lang. Simple Bauteile lassen sich leichter miteinander verbinden. Wenn die Maße identisch oder aufeinander abgestimmt sind, kann man Elemente effizient in Miniserien vorfertigen, etwa die Fenster. Beschränkt man sich auf wenige Materialien, sind die Mengen jeweils größer, dadurch günstiger, und die Anlieferung vereinfacht sich. Büttner setzte auf Beton, Stahl, Glas und Holz. Er wählte Lärchenholzbretter für die Fassade, sägerau und unbehandelt. »Holz kann sich selber schützen, wenn es hinterlüftet montiert ist und dadurch stets gut trocknen kann. Regen soll an senkrecht verlegten Brettern schnell abfließen und nicht in deren Stirnseiten sickern. Meine Frau und ich haben die Bretter selber montiert, ohne anzustückeln. Manche waren 7 Meter lang«, erinnert sich Markus.

Links: Elisabeth und Markus Büttner mussten genau planen und rechnen, auch hart zupacken, damit ihr Starterhaus zum Budget passte. Das Paar freut sich sehr, dass die kleine Klara so idyllisch am Dorfrand aufwachsen kann, nahe bei ihren Großeltern.

Unten: Die junge Familie genießt den Ausblick nach Nordosten in die freie Landschaft. Der Bauherr/Architekt platzierte seinen Neubau so, dass dieser das Blickfeld seiner Eltern kaum stört.

»Wir bauten im elter-
lichen Garten – so klein
wie möglich, so groß
wie nötig. Dann stimmt
auch der Preis.«

Links: Der Betonblock mit Heizkamin
bildet das statische Rückgrat des Holzhauses. Trotz Extras wie der Familienraum mit doppelter Höhe und Glasfirst
kostete das Gebäude wenig.

Links unten: Der Platz unter der Treppe
aus Lärchenholz ergab einen Stauraum,
dessen dicke Seitenwand die Stufen
schultert und dem Bücherregal den
Rücken stärkt.

Rechts: Beim Kochen schaut man durch
den Glasstreifen hangaufwärts zum
Elternhaus. Vier simple Bretter nehmen
die Fensterkanten auf, bringen diese auf
Breite der Küchenzeile und schenken so
viel Abstellfläche.

Sein Vater, von Beruf Elektriker, instal-
lierte das Stromnetz. Die Bauherren
brauchten weder Keller noch Garage:
Stauraum und Stellplatz gibt es zur
Straße bei den Eltern. Deren Hackschnitzelheizung versorgt zugleich das
neue Haus. Dadurch sparte das junge
Paar über 60.000 Euro.

Markus Büttner verlegte auch
sein Büro, Lakritz Architektur, nach
Winkelbrunn. So spart er täglich rund
70 Kilometer Fahrstrecke und viel Zeit.
Er entwarf dafür einen Anbau, denn
sonst wäre das Wohnhaus unnötig
groß ausgefallen. Eingang, Flur und
Garderobe befinden sich auch im Anbau. Der Bürotrakt steckt tief im Hang.
So geht die Wiese der Eltern nahtlos in
das begrünte Flachdach über.

Elisabeth und Markus Büttner freu-
en sich: »So viel Erholungswert und
Freiraum wie hier hätten wir nirgend-
wo anders gefunden.«

DATEN & FAKTEN

Wohnfläche: 140 m^2
Bürotrakt: 30 m^2
Bewohner: 3
Endenergiebedarf: 34 kWh/(m^{2}a)
Reine Baukosten: 1859 Euro
je m^2 Wohn- und Nutzfläche
(hohe Eigenleistung eingerechnet;
hochgerechnet für 2017)

Planung: Lakritz Architektur
Winkelbrunn 8 a
94078 Freyung
www.la-kritz.de

HELLIGKEITSREZEPT

Ein verglaster First öffnet das
Dach überm Wohnraum 4 Meter
lang zum Zenit. Licht von oben ist
5,5-mal effektiver als von der Seite.

KOCHKUNST

Die Küche besteht nur aus der
Arbeitsplatte plus Unterschränken,
die Elisabeth selber montierte.
Mit Elektrogeräten kostete die
7 Meter lange Zeile nur 5000 Euro.

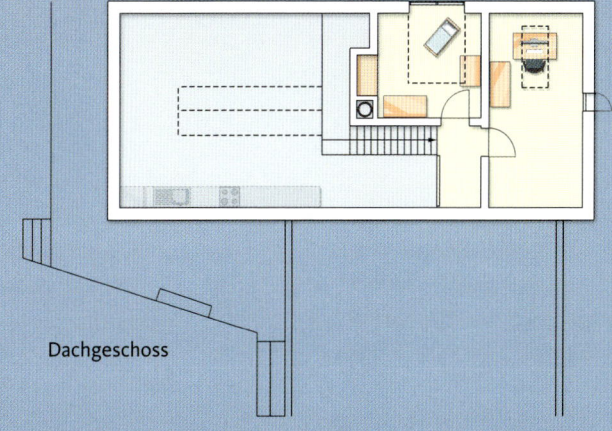

Dachgeschoss

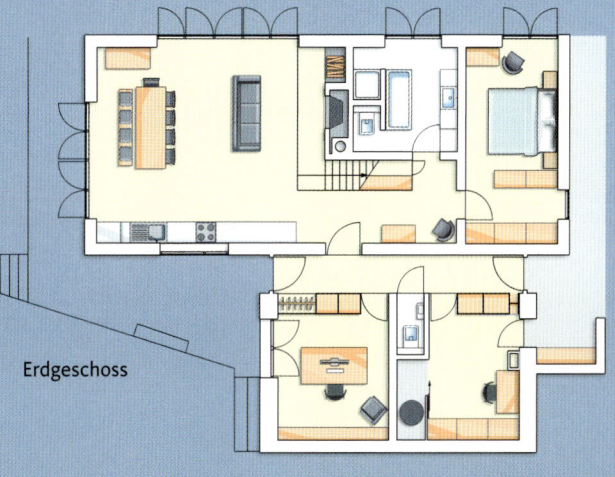

Erdgeschoss

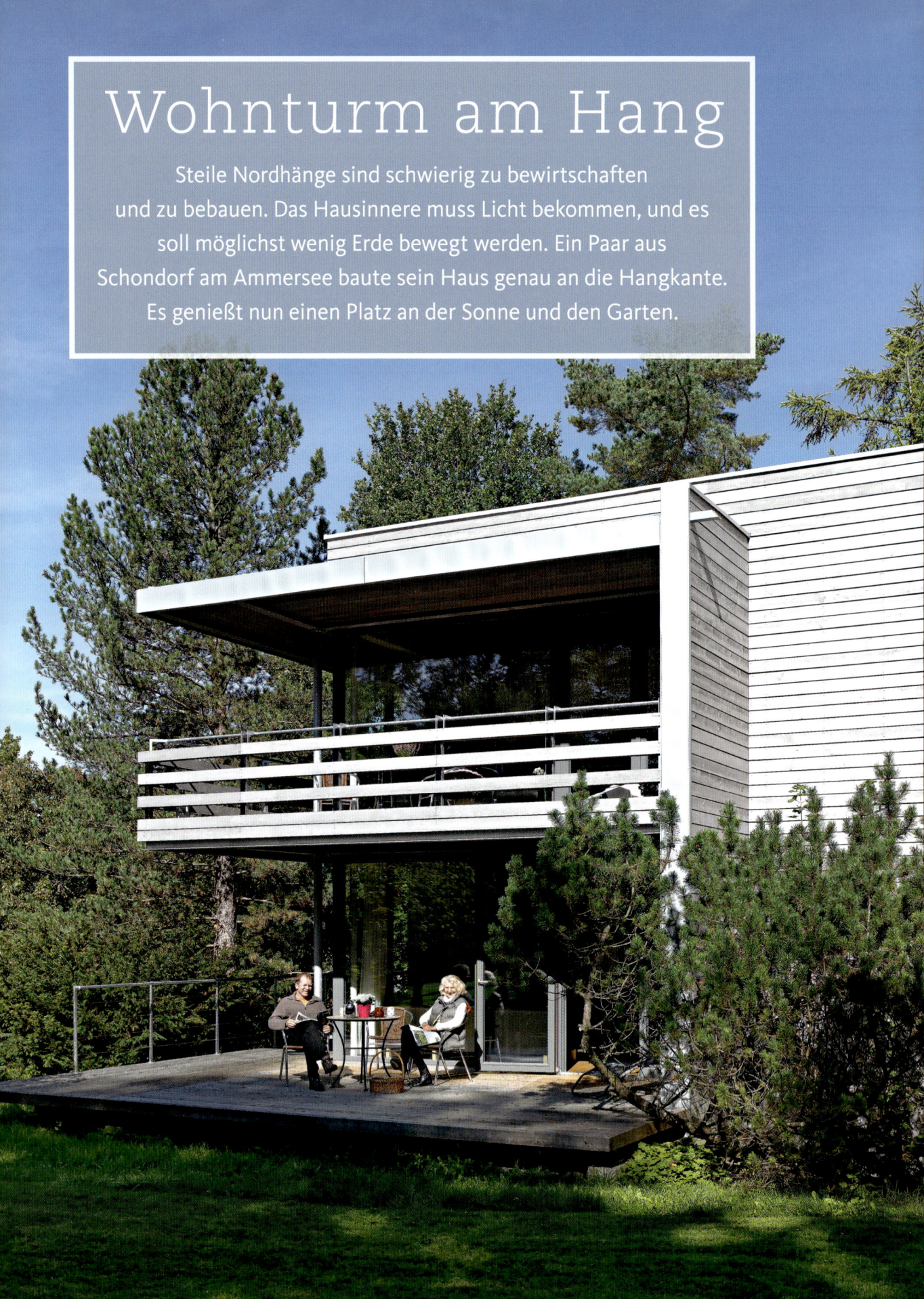

Wohnturm am Hang

Steile Nordhänge sind schwierig zu bewirtschaften
und zu bebauen. Das Hausinnere muss Licht bekommen, und es
soll möglichst wenig Erde bewegt werden. Ein Paar aus
Schondorf am Ammersee baute sein Haus genau an die Hangkante.
Es genießt nun einen Platz an der Sonne und den Garten.

Als es Elisabeth Zahm immer schwerer fiel, das große Hanggrundstück zu pflegen, teilte sie es und schenkte den Gartenteil ihrer Tochter Beatrice. Geben »mit warmer Hand« hat Vorteile, denn Schenkungen zählen zehn Jahre später steuerlich nicht mehr zum Erbe. Beatrice Jakobs und ihr Lebensgefährte Klaus Janssen wussten schnell, dass sie ein Haus darauf bauen wollten, es zunächst vermieten und später selbst einziehen, wenn die Mutter nicht mehr allein leben kann oder will.

SITUATION Das Gelände fällt nach Norden um ein Geschoss ab; unten kurvt die Straße vorbei: Von dort musste der Neubau erschlossen werden. »Wir wünschten uns freien Blick in Mutters Garten – wollten quasi auf Augenhöhe mit ihr wohnen und keinesfalls auf den Hang schauen. Ansonsten waren wir offen für alles«, erzählt Beatrice.

Architekt Reinhard Moosmang schaute sich das Gelände an und schlug einen massiven Sockel mit einem zweigeschossigen Holzaufsatz vor. Dieses Prinzip hat Tradition in bergigen Regionen: unten schwer und kompakt im Hang verzahnen, oben wenig belasten. Der quadratische Grundriss erlaubt es, die unterste Ebene zur Straße zu orientieren, die beiden oberen Etagen aber zur Sonne auszurichten. Denn ein Quadrat besitzt keine privilegierte Fassade. Die Stockwerke haben jeweils 55 Quadratmeter Fläche – mit Treppenhaus. Im Eingangsgeschoss befinden sich ein Ladenatelier mit zwei großen Schaufenstern, außerdem Keller und Heizung. Die erste Wohnetage sitzt auf Gartenniveau. Ein großes Holzdeck legt sich hier auf die Geländekante.

Das Wohnzimmer schmiegt sich in die raumhoch verglaste Südwestecke des Hauses: Von dort sieht man zum Haus von Mutter Elisabeth. Ein Blick reicht, um zu sehen, ob die Rollläden hochgezogen wurden. Bad und Schlafzimmer komplettieren den Wohnraum mit Küche und Essplatz zur Zweizimmerwohnung. Das Stockwerk darüber ist identisch gegliedert, besitzt statt Holzdeck einen großen Balkon. Diesen beschirmt der Rand des flachen Pultdaches. Die beiden Wohnungen können zusammengelegt werden zu einer großen von 110 Quadratmetern.

VORSORGE Der Luftkurort Schondorf am bayerischen Ammersee ist beliebt. So kamen die Bauherren auf Idee, die Wohnungen an Urlaubsgäste zu vermieten. Daher gibt es keine üblichen Mietverträge – und das Paar kann bei Bedarf schnell aus seiner schönen, gemieteten Wohnung einige Straßen weiter ins Nachbarhaus neben der Mutter umsiedeln.

Ganz links: Beatrice Jakobs und Klaus Janssen ließen das Ökohaus von einem örtlichen Holzbaubetrieb vorfertigen. Durch die großen Holztafelelemente, bereits mit der Holzfassade beplankt, reichten zwei Wochen für die Montage des Rohbaus.

Links: Das Westfenster des Wohnzimmers gibt den Blick auf das Elternhaus der Bauherrin frei, in dem Mutter Elisabeth lebt. Die Nähe sorgt für Sicherheit; dennoch hat jede Generationen ihren eigenen Lebensbereich.

»Zunächst war ich skeptisch, aber nun bin ich froh, dass wir uns für Holzfassaden entschieden haben. Der Duft und die behagliche Atmosphäre – das ist was ganz Besonderes.«

Links: Durch das lange Fensterband hinter der Küchenzeile flutet viel Tageslicht auf die Arbeitsplatte. Beim Kochen kann man die Vögel und Eichhörnchen in den Bäumen beobachten.

unten: Zwei Wohnungen, zwei Wohnzimmer – im zweiten Stock mit Balkon statt Holzdeck. Beide Etagen werden an Feriengäste vermietet; die Einnahmen helfen beim Abzahlen.

Links: Elisabeth Zahm (Mitte) gab ihrer Tochter Beatrice einen Teil des Grundstücks. Vorteil: Schenkungen zählen zehn Jahre später steuerlich nicht mehr als Erbe.

Unten: Der massive Sockel überbrückt den Geländeunterschied zwischen Straße und Garten, schultert den Holzwürfel mit den beiden identischen Wohnungen. Die Haustür befindet sich in der Ostfassade.

DATEN & FAKTEN
Grundstücksgröße: 720 m²
Wohnfläche: 2 Wohnungen à 55 m²,
16 m² Balkon
Zusätzliche Nutzfläche: 55 m² (Laden, Keller, Heizung), 20 m² (Holzdeck)
Bewohner: 2–4
Haustechnik: Erdgasheizung
Ökomaßnahmen: Photovoltaikanlage auf dem Dach
Bauweise: massiver Sockel, Wohngeschosse Holzbau, lasierte Fichtenholzfasade
Reine Baukosten: 2093 Euro je m² Wohn- und Nutzfläche (hochgerechnet für 2017)

Planung: moosmang architekten
Bahnhofstraße 17
82166 Gräfelfing
www.moosmang.de

REGION STÄRKEN
Da Beatrice und Klaus regionale Firmen beauftragten, konnten sie den Holzbauer Fichtl in der Werkstatt besuchen und hautnah erleben, wie ihr Haus entstand. Die Wege waren kurz – für Nachfragen, zur Abstimmung oder den Transport.

FLEXIBLE VORSORGE
Der Grundriss ist kompakt und praktisch: Es gibt in den zwei Wohnungen keine Flure. Wohnen, Essen und Kochen sind zusammengefasst. Man könnte beide Etagen gemeinsam als Maisonette nutzen. Im Sockelgeschoss befinden sich ein Ladenatelier, die Heizung und zwei Lagerräume.

Erdgeschoss

Fürs kleine Budget

Die Müllers wollten raus aus der engen Wohnung und Platz schaffen für fünf – so viel wie nötig, so günstig wie möglich. Sie verfolgten ihr Ziel überaus konsequent, der Architekt nutzte das ganze Repertoire preiswerten Bauens. Ergebnis: ein raffiniert einfaches Unikat.

Zu fünft auf 80 Quadratmetern zu wohnen, erfordert viel Disziplin. Laura und Bernd Müller waren froh, als sie ein Grundstück in Olching erbten. Nun konnten sie ihr Abenteuer Hausbau starten. Doch das Gelände war 356 Quadratmeter klein, zudem lang und schmal. Üblich für frei stehende Einfamilienhäuser sind rund 500 Quadratmeter. Trotzdem sagte der Berliner Architekt Guntram Jankowski sofort zu. Denn ihn reizte die Aufgabe, außerdem ist er dem Paar als Freund und Trauzeuge verbunden.

PLATZGEWINN

Abzüglich der Grenzabstände blieben nicht mal 6 Meter Breite fürs Gebäude. Jankowski stellte es auf 5,80 x 13,50 Meter und sorgte mit vorgefertigten, schlanken Holzelementen in Tafelbauweise innen für maximale lichte Weite. Treppe, Technikraum und Bäder bilden einen massiv gebauten Block, der die Etagen mittig teilt und die Holzkonstruktion statisch aussteift. Das Leben findet rund um diesen Kern im Erdgeschoss statt: Im Nordostteil wird gewohnt, gelesen und musiziert. Das Südende öffnet sich mit einer verglasten Ecke zu Sonne und Gartengrün. Dies ist der wichtigste Platz des Hauses: Hier kocht, isst und unterhält sich die Familie. Im Obergeschoss sind die beiden Gebäudeenden längs auf raffinierte Weise zweigeteilt. Drei Kinderzimmer entstanden hier sowie ein Spielbereich, in dessen Luftraum die Treppe ins Dach hinaufsteigt zu Arbeitsplatz, Bad und Schlafzimmer.

SPARKODEX

Die Familie verzichtete auf einen Keller, der Raum unter der Treppe und die alte Garage dienen als kostenloser Ersatz. Erd- und Obergeschoss haben eine Raumhöhe von 2,70 Metern: Luxus und cleverer Schachzug des Planers. So erzielte er mehr Großzügigkeit und konnte zudem eine zweite Ebene in den Kinderzimmern einrichten. Dort oben ist Platz für die Betten, unten bleibt mehr Spielfläche, und die Möbeltreppe schafft zusätzlichen Stauraum. Mehr Höhe kostet weniger als mehr Breite – nur etwa ein Drittel davon. Bis auf drei große Glaselemente im Erdgeschoss sind alle anderen zwölf Fenster gleich schmal. Ein weiterer Kostenvorteil, denn in Serie herstellen kostet weniger. Der Rohbau blieb meist ohne Veredelung – so sparte man Ausbaukosten. Beispielsweise wurde der Estrich nicht aufwändig geschliffen oder belegt, sondern nur gewachst. Die Brettstapeldecke war schon wohnfein, die Wände wurden nur weiß gestrichen.

METALLKLEID

»Bloß keinen Putz«, sagte Laura Müller gleich zu Beginn und brachte Lärchenholz ins Spiel. Als die Ausschreibungen für das Wellblechdach und die Holzfassade nebeneinanderlagen, dachte Jankowski laut nach: »Weshalb ziehen wir das Blech nicht gleich herunter bis zum Boden?« Faustregel: Pro Quadratmeter kostet das Dach manchmal nur die Hälfte der Wandkonstruktion. Die Müllers überlegten, fanden die Idee logisch und irgendwie witzig. Nun sind Wand und Dach komplett identisch bekleidet.

Ganz links: Durch den Overall aus Wellblech erscheint das Gebäude als monolithischer Baukörper, als lückenlose Hülle, die das Familienglück sicher birgt. Zuerst war jedoch der günstige Preis des Materials das entscheidende Argument.

Links: Bernd Müller mit Nesthäkchen Helene (4); neben Laura sitzt Josephine (10). Alle greifen gern ins prall gefüllte Bücherregal, ziehen auch Kinderbücher heraus, die Laura geschrieben hat.

EINHEIT Die Gebäudekubatur änderte sich dadurch nicht, aber Charakter und Details des Hauses. Baukörper und Dach sind nun gleichrangig, eine Ganzheit, die das Gebäude zur Skulptur macht. Traditionelle Beispiele, wie rundum verschindelte Alpenbauten oder steinerne Tessiner Häuser, gefallen jedem. Dieses Haus hat manchen Passanten zu harter Kritik veranlasst. Es liegt wohl an der »kleinen Welle«, die seit den 1950er-Jahren als temporärer Ersatz für Solides angesehen wird und dadurch an schwere Zeiten erinnert. Doch kommt es darauf an, wie man das Material einsetzt. Es ist sehr preiswert, dauerhaft und braucht keine Pflege. Und die Sonne erzeugt darauf schöne grafische Schattenspiele. Die Familie lebt gern in ihrem Haus – und ist inzwischen auf sechs Personen angewachsen.

Rechts: Im Erdgeschoss ist die Südecke verglast. Das kostete viel, bringt aber auch viel, denn am Esstisch trifft sich die Familie. Von dort genießen alle das Grün des kleinen Grundstücks und sehen gleich, wenn Besucher kommen.

Unten: Blick in die Gegenrichtung: Der Esstisch bietet maximal zehn bis zwölf Plätze und lässt dennoch seitlich zwei Passagen frei. Die Fenstertüren sind geschickt platziert, sodass sie nicht stören.

Links: Der Nordostgiebel schottet sich, bis auf ein schmales Fenster, gegen den kalten Wind ab. Jedoch öffnet sich die Längsseite zur Morgensonne, wie auch das Dach darüber – und dies mit zehn gleichen Dachflächenfenstern. Etwa mittig sitzt die Haustür in der Fassade.

Links unten: Die Sonne wirft Schatten der Wellenkämme in die Senken. Kommt der Familienvater nach Hause, dann freut sich der Grafiker am Wechselspiel der Linien, das ihm die Uhrzeit verrät.

Rechts: Der Pfad führt zwischen Regalwand und Wanne zum Schlafzimmer, wirkt dennoch nicht beengt, sondern hell. Dafür sorgen vier Dachflächenfenster sowie weiße Oberflächen.

Ganz rechts : In die hohen Räume wurden keine der üblichen Emporen eingebaut, sondern versetzte Nischen, vor denen Schranktreppen Stauraum schaffen. In Gustavs (6) Zimmer sieht das Bettgeländer aus wie ein Boot.

Unten: Das obere Stockwerk ragt wenige, aber entscheidende Zentimeter über das Erdgeschoss hinaus. Der Effekt: Baurecht beachtet, innen mehr Fläche gewonnen, außen eine optische Zäsur und die Regentropfkante erzielt.

»Die zentrale Schaltstelle beim Sparen ist der Bauherr. Er sollte sein Budget im Blick behalten und offen bleiben für die Sparideen des Architekten.«

DATEN & FAKTEN

Grundstücksgröße: 356 m²
Wohnfläche: 145 m²
(Garage war schon vorhanden)
Bewohner: 6
Heizung: Holzpelletkessel
Endenergiebedarf: 34 kWh/(m²a)
Jährliche Heizkosten: 600 Euro
Reine Baukosten: 1655 Euro
je m² Wohnfläche / 240.000 Euro
(hochgerechnet für 2017)

Planung:
werk A architektur
Guntram Jankowski
Kreuzbergstraße 7
10965 Berlin
www.werk-a-architektur.de

BESCHEIDENHEIT

Kompakt und schlicht gebaut: klarer Grundriss, wenige Materialien, vorgefertigte Elemente und Serienprodukte

ÖKOBILANZ

Geheizt wird mit Holzpellets, die im Dachgeschoss hinterm Bad lagern. Dafür gibt es einen Bonus beim Errechnen des Energieniveaus.

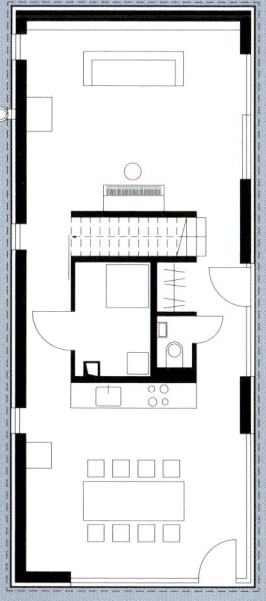

Erdgeschoss

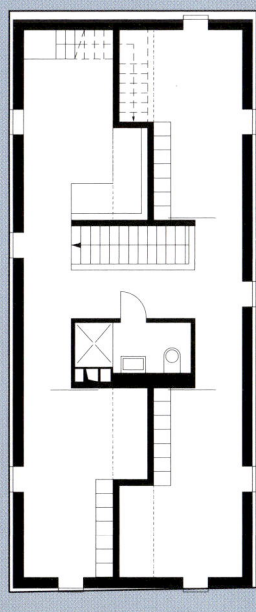

Obergeschoss

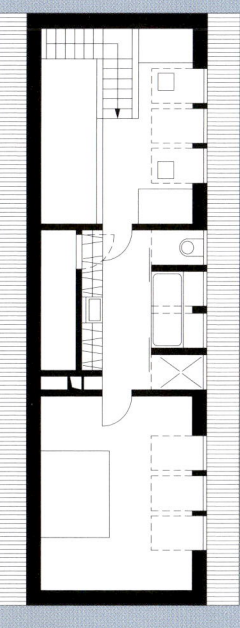

Dachgeschoss

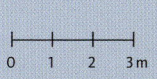

0 1 2 3m

Zurück in die Heimat

Eigentlich wollten die Schieders in der Tutzinger Dachwohnung am Starnberger See bleiben, dazu eine »kleine
Flucht« in der Nähe für die Wochenenden und Ferien
kaufen. Das Budget war knapp, passende Angebote in der
Region gab es keine. Schieders dehnten den Suchradius
aus und wohnen jetzt nahe der tschechischen Grenze.

Bevor man baut, sollte man seine Wünsche sammeln, damit der Architekt darauf reagieren kann. Eine weitere Frage: Lassen sich die eigenen Vorstellungen mit denen des Partners und der Kinder verbinden? Einfacher wird die Diskussion, wenn man auflistet, was man unbedingt haben will – aber auch das, was man keinesfalls möchte. In der Regel sind das nur wenige Punkte, aber genau diese machen einen im neuen Zuhause glücklich.

SUCHE Susanne und Michael Schieder wünschten sich ein regionaltypisches, einfaches und barrierefreies Ökohaus, das später als Alterssitz dienen sollte. Doch ihr Budget war knapp. »Für den Münchener Raum reichte es nicht«, erinnert sich das Paar. Also schaute es im Oberpfälzer Wald, wo Michael aufgewachsen ist, nach einem Zweitwohnsitz. Denn dort lagen die Preise eher im Kostenrahmen der Familie. »Das erste Objekt, das wir besichtigten, war zu klein für vier Personen. Doch die Maklerin wusste von einem Bauplatz in der Nähe. 934 Quadratmeter in schönster Hanglage«, sagt Susanne Schieder. Die Hausinteressenten wurden zu Bauherren.

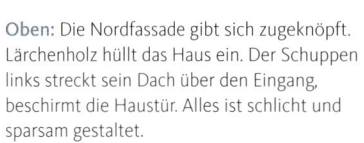

Oben: Die Nordfassade gibt sich zugeknöpft. Lärchenholz hüllt das Haus ein. Der Schuppen links streckt sein Dach über den Eingang, beschirmt die Haustür. Alles ist schlicht und sparsam gestaltet.

Links: Die Südseite feiert den Blick ins Tal mit Glasfassade, Balkon und der Mischung aus beidem – einem Glaserker, der den Wohnraum ganzjährig erweitert.

»Zuerst stellten wir das 60er-Jahre-Mobiliar der Mutter in die Küche, die Maß-Möbel ließen wir später vom Schreiner fertigen.«

Oben: Die schmale, zwei-zeilige Küche befindet sich am Ende des Flurs, die Tür öffnet sich zum Schuppen, der als Lager und Schmutz-schleuse dient.

Unten: Eine raumhohe Fens-terfront holt die Landschaft herein und weitet die Räume optisch. Der Schachtisch be-gleitet Michael Schieder seit seinen Studententagen.

Rechts: Der Flur koppelt alles, vom Bad bis zur Küche ganz hinten. Ein Arbeitsplatz legt sich längs an die Wand, im Schrank dahinter steckt die Haustechnik.

»Dann sahen wir im Fernsehen den Bericht über einen Architekten, der sich auf kompakte Bauten spezialisiert hat«, berichten die beiden. Sie suchten im Internet nach Atelier Fischer Architekten, schrieben eine E-Mail, bekamen schnell Antwort und fuhren zum Kennenlernen nach Würzburg. Sie zählten Wolfgang Fischer ihre Wünsche auf und nannten ihr Baukostenlimit von 240.000 Euro (hochgerechnet für 2017). »Er erfasste sofort, was wir uns vorstellten«, freut sich der Bauherr. Aus einer Entwurfsskizze entwickelte sich der Bauantrag. Die Arbeiten begannen bald danach.

KONZEPT

Der Holzquader umfasst eine Wohnetage mit nur 104 Quadratmetern. Er sitzt auf einem simplen Betonkeller, der halb im Hang steckt.

Das Gebäude schmiegt sich unauffällig längs an den Hang, dreht sich zu Sonne und Aussicht ins Tal. Der Grundriss ist klar zoniert. Ein multifunktionaler Flur legt sich an die Nordfassade: Er dient als Eingang, Verteiler, Arbeitsplatz, Technik- und Aufenthaltsraum zugleich. Dadurch konnten mehrere Quadratmeter Fläche eingespart werden. An den Enden befinden sich Küche und Bad. Das Wohn-/Esszimmer, beide Kinderzimmer und das Elternschlafzimmer reihen sich an der verglasten Südseite auf. Die Flurwand formt Nischen; der Schreiner passte Schränke hinein und hängte vor die Durchgänge platzsparende Schiebetüren. So bleiben die Räume frei von Einzelmöbeln – außer Bett, Tisch und Stuhl –, die optisch kleiner machen und wortwörtlich im Weg stehen

würden. Ein Balkon kragt an der Südfassade aus, vorm Wohnzimmer ist er verglast und vergrößert den Raum ganzjährig.

WENDE

»Je öfter wir die Baustelle besuchten, desto klarer wurde uns: Wir möchten ständig hier leben«, sagen die Eltern. »Die Kinder haben Platz zum Spielen, im Garten wollen wir Gemüse anbauen, das wir im Keller lagern. Letztendlich träumen wir davon, Selbstversorger zu werden.«

Der Elektrotechniker fand einen Job in der Nähe und zog ins neue Haus. Susanne und die Kinder blieben in Tutzing, solange Tochter Maria die Grundschule besuchte. Dann übersiedelte die ganze Familie in die Oberpfalz – und will dort nie mehr weg.

DATEN & FAKTEN

Grundstücksgröße: 934 m²
Wohnfläche: 104 m²
Zusätzliche Nutzfläche: 10 m² (Schuppen), 74 m² (Lager/Keller)
Bewohner: 4
Bauweise: Holzrahmenbau
Heiztechnik: Gastherme
Endenergiebedarf: 77,3 kWh/(m²a)
Reine Baukosten: 2070 Euro je m², mit Kellerfläche 1250 Euro/m² (hochgerechnet für 2017)

Planung: Atelier Fischer Architekten
Kürnachtalstraße 6 b
97076 Würzburg
www.atelier-fischer.com

ZWEI ZONEN

Sonne hilft beim Heizen der Wohnräume, die sich an der Südfassade reihen. Nach Norden puffert der Flur, der als Verkehrsweg, Arbeitsplatz, Technikraum und Windfang dient. Das spart einige Quadratmeter Wohnfläche, wurde jedoch nie zum Engpass – denn Familie Schieder wohnt gut getaktet. Der Balkon avanciert im Sommer zum zweiten Wohnzimmer mit Zonen zum Essen und zum Ruhen.

KONSTRUKTION

Der Keller wurde in den Hang betoniert; Holztore schließen ihn vorn. Er schultert den Holzrahmenbau. Zwischen den Holzrahmen dämmen 20 Zentimeter Steinwolle, außen beplankt mit 3,5 Zentimeter starken Holzfaserdämmplatten, darauf wurden die Lärchenholzbretter montiert.

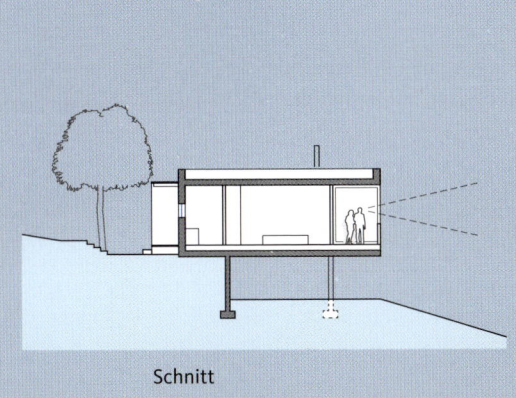

Schnitt

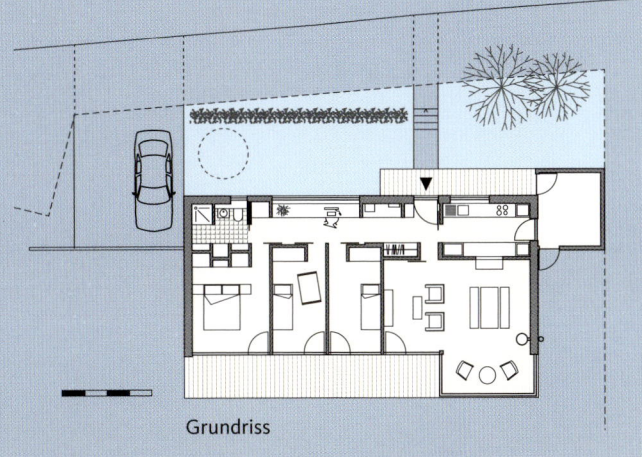

Grundriss

Wer macht was beim Bauen?

Für was der einzelne Handwerker zuständig ist,
davon hat man einen ungefähren Begriff. Aber auf welche
Fachingenieure und Spezialisten können Sie bauen?

Als zukünftiger Bauherr muss man gründlich überlegen, welche Partner man beim Bauen wählt. Das hängt vor allem davon ab, wie stark man eingebunden sein will in die Planung – aber auch in die Verantwortung. Bauen in Eigenregie ist ein Wagnis, das wohl nur für sehr wenige infrage kommt. Schließlich wird man dabei zum Planer und Bauunternehmer in Personalunion.

In der Regel besteht also die Wahl zwischen zwei Grundvarianten: das klassische Bauen mit einem Architekten an der Seite oder der Erwerb eines Hauses vom Bauträger beziehungsweise Fertighausanbieter (siehe S. 42). Doch ganz gleich, wofür Sie sich entscheiden: Beim Bauen gibt es viele Fachleute, die notwendig sind, um ein Gebäude nach den gültigen Regeln zu erstellen oder zu sanieren. Aber wer ist wofür zuständig? Wen braucht man unbedingt, wen nur in bestimmten Fällen? Damit Sie im »Fachchinesisch« den Überblick behalten und nicht überfordert sind, stellen wir Ihnen die wichtigsten Experten vor.

ARCHITEKT
Kopf und Seele vom Ganzen

Viele haben nur eine vage Vorstellung von der Arbeit eines Architekten und sehen in ihm vor allem einen Künstler, der seine Entwürfe in kühn dahingeworfenen Skizzen zu Papier bringt. Doch ein Architekt ist weit mehr als nur Ideengeber für ein Haus. Als Ingenieur befasst er sich mit allen Aspekten des Bauens – vom ersten Bleistiftstrich bis hin zur Übergabe des fertigen Bauwerks. Damit ist der freischaffende Architekt in der Regel die zentrale Figur im Baugeschehen. Denn egal ob Dachausbau im Reihenhaus oder Neubau einer Traumvilla – der Architekt ist der richtige Ansprechpartner.

Als Treuhänder des Bauherrn ist er diesem verpflichtet und handelt in dessen Auftrag und Interesse. Dabei entscheiden allein Sie als Bauherr, in welchem Umfang er tätig wird. Wenn gewünscht, tritt er lange vor dem ersten Spatenstich in Aktion und hilft Ihnen, erste Vorüberlegungen in realistische Bahnen zu lenken. Mit ihm gemeinsam

finden Sie heraus, was Sie genau wünschen und wie viel Sie für Ihr Geld erwarten können. Auch bei der Auswahl des Grundstücks/der Immobilie steht er Ihnen zur Seite. Auf Basis seiner Ausbildung und Erfahrung kann er Ihnen die Chancen von Neu- und Altbauten ebenso vermitteln wie die Vor- und Nachteile von Grundrissen, Bautechniken oder Materialien.

Neben der Planung des Bauwerks oder der Umbaumaßnahme kümmert sich der Architekt um die Baugenehmigung und übernimmt die Bauleitung (siehe: Bauleiter) Dabei ist er verantwortlich für die Koordinierung der verschiedenen Handwerker, aber auch der anderen am Bau beteiligten Experten. Wie der Architektenvertrag aussieht, richtet sich nach dem individuellen Bauvorhaben. Ob man beispielsweise als Handwerker Eigenleistungen erbringen möchte oder einen Partner für den gesamten Bauprozess sucht, ist entsprechend den neun Leistungsphasen für die Arbeit des Architekten variabel vereinbar. Die Vergütung der Leistungen ist in der Honorarordnung für Architekten und Ingenieure (HOAI, siehe S. 72) innerhalb von Unter- und Obergrenzen gesetzlich geregelt. Die genaue Höhe richtet sich neben der Leistungsphase auch nach Faktoren wie den Kosten der Baumaßnahme und dem Schwierigkeitsgrad der Planung. Diese werden über die Honorarzonen I–V erfasst. Der Wohnungsbau liegt in der Regel in Zone III und IV. (Tabellen zum einfachen Nachrechnen finden Sie auf www.hoai.de.) Trotz der Honorarkosten lohnt sich die Zusammenarbeit mit einem Architekten auch finanziell.

Er kennt mögliche Kostenfallen und weiß, wo Einsparungen zum Beispiel durch einen klugen Grundriss oder die Wahl des Baumaterials möglich sind, ohne auf Qualität oder Wohnkomfort verzichten zu müssen. Architekt ist eine geschützte Berufsbezeichnung, die ein abgeschlossenes Architekturstudium, Berufserfahrung und regelmäßige Fortbildung verlangt. Den passenden Architekten finden Sie über Empfehlungen in Ihrem Bekanntenkreis, über die Listen der Architektenkammer in Ihrem Bundesland oder aber über Bücher und Zeitschriften.

BAULEITER
Chef der Baustelle

Ein Bauleiter ist für die ordnungsgemäße Ausführung aller Arbeiten in der Bauphase verantwortlich. Für jede genehmigungspflichtige Baustelle ist ein fachkundiger Bauleiter zu benennen. Bauträger stellen den Bauleiter meist

selbst. Im Falle eines von einem Architekten betreuten Bauprojekts, bei dem die Arbeiten an einzelne Handwerker vergeben werden, ist in der Regel der Architekt gleichzeitig der Bauleiter.

Er sorgt als Sachwalter des Bauherrn dafür, dass alles am Bau läuft, wie es soll, und dass die Bauausführung auch die Qualität hat, die geplant wurde. Seine Aufgaben werden in der Leistungsphase 8 der HOAI benannt (www.hoai.de). Er koordiniert sämtliche Aktivitäten auf der Baustelle. Dazu gehört eine Terminplanung und die Überwachung der Abläufe sowie eine Kontrolle der Arbeiten in Hinblick auf Ausführungsplanung und allgemein anerkannte Regeln der Technik. Der Bauleiter hat dafür Sorge zu tragen, dass alle Normen und Verordnungen eingehalten werden. Er muss die Tauglichkeit der eingesetzten Baustoffe prüfen und bei komplizierten Aufgaben gegebenenfalls einen Fachingenieur hinzuziehen. In kritischen Bauphasen muss er vor Ort sein. Generell hat er das Baugeschehen (inklusive Wetterlage und Anwesenheit der Gewerke vor Ort) in einem Bautagebuch festzuhalten. Er ist für die behördliche und die technische Abnahme des Baus ebenso verantwortlich wie für Mängelrügen. Weiterhin muss er Rechnungen prüfen und beim Aufmaß den Umfang der erbrachten Leistungen checken. Dies dient der Kostenfeststellung und Kostenkontrolle, zu der er gegenüber dem Bauherrn verpflichtet ist. An letzter Stelle erfolgt durch ihn die Übergabe des Bauwerks an den Bauherrn.

VERMESSUNGSINGENIEUR
Mit Schnur und Pflöcken

Jeder kennt sie – aber kaum einer weiß, wie es funktioniert, wenn sie mit rotweißen Stangen, sogenannten Fluchtstangen, und ihrem Theodolit, dem typischen Winkelmessinstrument auf einem Stativ, die Landschaft vermessen: Geodäten bzw. Vermessungsingenieure. Der »Öffentlich bestellte Vermessungsingenieur« ist ein klassischer Fachingenieur am Bau und von keiner Baustelle hierzulande wegzudenken. Gemeinsam mit seinem Team vermisst er die Lage des geplanten Gebäudes vor Baubeginn und kennzeichnet sie mit Pflöcken (Grobabsteckung). So kann der korrekte Aushub der Baugrube erfolgen. Ist der Aushub erledigt, markiert er in der Baugrube am Schnurgerüst die genaue Lage des Gebäudes (Feinabsteckung). Nach Fertigstellung des Rohbaus ist er erneut gefragt: Er führt zur Kontrolle eine Gebäudeeinmessung durch. Auf diese Weise sieht man, ob das Haus ordnungsgemäß dort errichtet wurde, wo es laut Planungsunterlagen sein soll. Für die abschließende Bauabnahme durch das Bauordnungsamt wird noch eine Einmessung des Gebäudes für die Aktualisierung der behördlichen Katasterpläne benötigt.

BODENGUTACHTER
Spürt Mängel des Baugrunds auf

Um keine bösen Überraschungen wie beim Schiefen Turm von Pisa zu erleben, sollten Sie sich vor dem Kauf eines Grundstücks durch ein Baugrundgutachten absichern. Ein Bodenexperte, also ein Geologe, stellt mit einem solchen Gutachten fest, wie der Baugrund beschaffen ist. Häufig besteht dieser aus verschiedenen Bodenarten und -schichten, dadurch kann es zu Setzungen kommen. Auch Grundwasser kann seine Tragfähigkeit beeinflussen, was vor allem für den Bau eines Hauses mit Unterkellerung von Bedeutung ist. Schließlich erfordert es teure Wasserhaltungsmaßnahmen, wenn das Gebäude beim Aushub plötzlich droht im Wasser zu stehen. Weiß man aber vorher Bescheid, kann das bereits bei der Planung Berücksichtigung finden.

Somit hilft das Baugrundgutachten, die Risiken eines Bauvorhabens zu erkennen und zu minimieren. Die Kosten dafür sind gut angelegt, denn Sie als Bauherr tragen das Baugrundrisiko. Bauträger oder Fertighausanbieter legen ihrem Angebot oft eine problemfreie Bodenklasse zugrunde: Dass Ihr Grundstück dieser auch entspricht, ist dann Ihre Verantwortung. Eine spätere Beseitigung von Schäden durch mangelhafte Gründung kann teuer werden und übersteigt die Investition in eine Baugrunduntersuchung bei Weitem. Aber auch wenn keine Schäden drohen,

trägt das Gutachten zur genaueren Kostenkalkulation bei. Denn der Statiker berücksichtigt ohne Gutachten mehr Sicherheitszuschläge in der Berechnung der Bodenplatte, wenn er die Tragfähigkeit des Baugrunds nicht kennt. So wird mehr Stahl verbaut als nötig – bares Geld für den Bauherrn. Aufschluss gibt das Gutachten auch darüber, ob und wie anfallendes Regenwasser auf dem Grundstück versickern kann. Manche Gemeinden fordern auf Neubaugrundstücken eine Versickerung. Die Kosten für ein Gutachten betragen rund 0,1 bis 0,5 Prozent der gesamten Baukosten, wobei sie regional unterschiedlich sind und von der Art des Bauvorhabens sowie der Komplexität des Untergrunds abhängen.

STATIKER
Damit das Gebäude aller Belastung trotzt

Egal ob Neubau, Anbau oder Sanierung: Ohne den Statiker, oder weniger umgangssprachlich »Tragwerksplaner«, läuft nichts. Seine Berechnungen sind Grundlage für den Beginn jedes Bauvorhabens, denn er entwirft das Tragwerk von Gebäuden und anderen Bauwerken. Was theoretisch klingt, ist von großem praktischem Nutzen. Denn er legt beispielsweise fest, wie dick die Decken und Wände sein müssen oder wie viel Bewehrungsstahl die Bodenplatte aus Beton braucht.

Basis hierfür ist die Berechnung der auf die tragenden Bauteile (also Decken, Balken, Wände etc.) einwirkenden Lasten. Diese Lasten ergeben sich aus dem Eigengewicht der Bauteile plus »Verkehrslasten«. Dabei handelt es sich um einen pauschalen Gewichtszuschlag für Möbel, die Nutzung durch Menschen etc. Bei Dächern kommt ein Aufschlag für die Schneelast hinzu. Aus der Berechnung aller Lasten resultieren die erforderlichen Abmessungen der Bauteile, damit das Haus seinen Bewohnern ein sicheres Dach über dem Kopf bietet.

Die notwendigen Dimensionierungen und Aufbauten aus Statik und Wärmeschutzberechnung fließen erst in der Ausführungsplanung in die Zeichnungen ein, in den Bauantragsplänen sind diese meist noch nicht berücksichtigt. Ziel der Tragwerksplanung ist es letztendlich, die erforderliche Tragfähigkeit und Gebrauchstauglichkeit einer Baukonstruktion für ihre gesamte Lebensdauer mit Wirtschaftlichkeit und Ästhetik in Einklang zu bringen. So hilft ein guter Statiker bares Geld sparen: Er lässt nicht präventiv mehr Material, sogenanntes »Angsteisen«, verbauen, sondern nur so viel, wie man braucht. Den Statiker muss man in der Regel als Bauherr nicht selbst suchen, sondern der Architekt schlägt jemanden vor. Bezahlt wird er als Hochbau-Ingenieur nach der Honorarordnung für Architekten und Ingenieure (HOAI). Die Höhe des Honorars richtet sich nach Umfang und Schwierigkeit der Aufgabe und nach den im einzelnen Bauvorhaben anrechenbaren Baukosten.

ENERGIEBERATER
Für wirtschaftlichen Betrieb

Bei Neubau und bei Sanierungen ist heute viel von Effizienz und Nachhaltigkeit die Rede. Wertvolle Ressourcen sollen eingespart werden. Das schont das Klima, aber auch das eigene Konto. Doch wie kann man bei einem Eigenheim effektiv Energie einsparen? Welche Baumaterialien sollen verwendet werden? Ist eine Solaranlage auf dem Dach sinnvoll, und wenn ja, in welchem Umfang? Spare ich so mehr Energiekosten ein, als ich investiere?

Wer Antworten auf Fragen wie diese sucht, sieht sich mit einem Wust an Infos und Angeboten konfrontiert. Auch die Suche nach finanzieller Förderung gestaltet sich schwierig für den Laien. Helfen kann hier ein Energieberater, der für eine umfassende energetische Planung sorgt. Dieser Experte schlägt Ihnen genau die Maßnahmen vor, die Ihrem Bauvorhaben entsprechen, ermittelt die passende Förderung und beantragt sie mit Ihnen. Doch leider ist »Energieberater« kein geschützter Begriff und viele Handwerker versprechen, das sei in ihrem Angebot bereits »mit drin«. Trotzdem sollte man nicht einfach irgendwen nehmen, sondern auf verlässliche Quellen zurückgreifen.

Bei Verbraucherzentralen oder Architektenkammern sowie lokalen Energie- und Klimaagenturen finden Sie fachlich qualifizierte, kostengünstige Beratung. Mitunter ist die telefonische Erstberatung sogar kostenlos, Energie-Checks in Ihrem Haus gibt es ab 10 Euro aufwärts

und bei BAFA-Vor-Ort-Beratungen übernimmt das Wirtschaftsministerium bis zu 60 Prozent der Beratungskosten als Zuschuss. Während der Baumaßnahme selbst kann eine energetische Fachplanung und Baubegleitung durch den Energieberater sinnvoll sein. Diese ist nicht in den Basisberatungen enthalten und kostenpflichtig, aber auch hierzu gibt es Fördermöglichkeiten, die Ihr Energieberater kennt. Mit ein wenig Glück ist Ihr Architekt ja selbst Energieberater. Ansonsten kennt er verlässliche Kollegen, die Ihnen helfen.

BAUBIOLOGE
Damit Mensch und Haus gesund bleiben

Der Baubiologe ist ein relativ neuer Akteur im Baugeschehen, aber dennoch unter Umständen wichtig. Bei allen Fragen rund um gesundes Bauen, Wohnen und Arbeiten in Innenräumen kann er zurate gezogen werden. Der Einfluss von Innenräumen auf unser Wohlbefinden ist nicht zu unterschätzen. Immerhin verbringen wir Mitteleuropäer 80 Prozent unseres Lebens im Innern von Gebäuden.

Der Baubiologe berät in der Planungsphase eines Neubaus zum Beispiel zu umweltfreundlichen Baustoffen oder zur Vermeidung von Elektrosmog. Aber auch Schimmelpilze und Schadstoffe im Zuge einer Sanierung zu erkennen, zu bewerten und die richtigen Maß-

nahmen dagegen zu finden, gehört zu seinem Arbeitsbereich. Es geht also grundsätzlich um die Vermeidung und Behebung von Umweltbelastungen. Ob ein Baubiologe bei einem Bauprojekt hinzugezogen werden soll, entscheiden Sie im Einzelfall gemeinsam mit dem Architekten bei der Planung – oder wenn neue Erkenntnisse zum Zustand des Bestandsgebäudes es im Lauf einer Sanierung erforderlich machen. »Baubiologe« ist kein staatlich anerkannter Beruf. Daher kann jeder, unabhängig von Ausbildung oder Erfahrung, diese Bezeichnung führen. Mitunter werden baubiologische Dienstleistungen als Zusatzqualifikation von Architekten, Bauingenieuren und Bauhandwerkern angeboten. Wem das zu vage ist, setzt bei der Suche nach einem Baubiologen auf die beiden Verbände, in denen diese organisiert sind. Der Verband Baubiologie und der Berufsverband Deutscher Baubiologen (VDB e.V.) haben eigene Richtlinien zur professionellen Erkennung von Gesundheitsrisiken in Innenräumen entwickelt und setzen auf wissenschaftliches Vorgehen. Ebenso wenig wie die Berufsbezeichnung ist das Honorar einheitlich festgelegt. Dies kann ein Stundenhonorar oder eine Pauschale sein. Im Bedarfsfall sollte man mehrere Angebote einholen.

Wie lese ich einen Grundriss?

Wer ein Haus bauen möchte, kommt nicht um das Thema Planzeichnungen herum. Diese zu verstehen und richtig zu lesen bedarf einiger Grundkenntnisse. Hier erfahren Sie die wichtigsten Dinge.

Planzeichnungen, also Schnitte und Grundrisse, sind eine eigene Sprache, in der sich Architekten, Handwerker mit Ihnen als Bauherr unterhalten: Um sie zu verstehen, müssen Sie wissen, was die Linien, Flächen, und Symbole bedeuten.

DARSTELLUNG Der Grundriss in einem Verkaufsexposé sieht anders aus als der Präsentationsplan eines Architekturbüros. In Verkaufsprospekten wird der Grundriss mit pseudorealistischen Fußböden und Möbeln dargestellt. Dagegen stellt der Architekt Grundrisse sachlicher dar, die Planung steht im Mittelpunkt. Lassen Sie sich also nicht von Nebensächlichkeiten beeindrucken, die nur von der tatsächlichen Qualität des Grundrisses ablenken. Sie entscheidet darüber, wie gut sich die Räume später einmal nutzen lassen und ob Sie sich darin wohl fühlen.

Je nachdem, für welche Funktion und in welchem Stadium des Hausbaus ein Plan erstellt wird, enthält er die jeweils dafür notwendigen Informationen. Ein Entwurfsplan sieht deshalb anders aus als später die Pläne für den Bauantrag oder für die Ausführungsplanung.

MASSSTAB Auch die Maßstäbe der Pläne unterscheiden sich je nach Funktion. In der Regel präsentiert der Architekt Ihnen die Zeichnungen während der Entwurfsphase im Maßstab 1:100 – das bedeutet: 1 Zentimeter im Plan sind später 100 Zentimeter im Haus. Bei großen Häusern kann der Maßstab auch einmal 1:200 sein, wie im hier gezeigten Beispiel. Der Lageplan, der das Haus auf dem Grundstück darstellt, wird oft im Maßstab 1:500 oder 1:1000 gezeichnet. Die Ausführungspläne, nach denen auf der Baustelle gebaut wird, haben den Maßstab 1:50. Wichtige Details werden im Maßstab 1: 20, 1:5 oder 1:1 dargestellt, um noch besser und genauer die Art der Konstruktion zu zeigen.

PLANARTEN Aus Ihren Wünschen und Vorstellungen erstellt der Architekt erste Skizzen und Zeichnungen, den Vorentwurf. Der Planer ordnet die Räume und entwickelt die äußere Form des Hauses. Die Zeichnung besteht aus Wänden, Strichen und Flächen – das kann eine Handskizze sein oder schon am Rechner gezeichnet. Ziel ist es, Ihnen unterschiedliche Möglichkeiten der Raumabfolge zu präsentieren. Es entsteht eine Grundlage, um gemeinsam zu diskutieren, welche Vor- und Nachteile die Varianten haben. Die Ideen und Erkenntnisse dieses Gesprächs

arbeitet der Planer ein und verfeinert die Zeichnung. Neben der Dachform und Position der Fenster wird in diesem Entwurfsplan auch das Material für die Konstruktion und die Bodenbeläge festgelegt.

Für den Bauantrag erstellt der Architekt einen Plansatz bestehend aus Lageplan, Grundrissen und Schnitten. Darin finden sich alle wichtigen Informationen, vor allem die Abstandsflächen und die Art der Entwässerung.

Die Ausführungspläne (siehe S. 105/106) im Maßstab 1:50 halten alle Entscheidungen zu Form, Material und Farbe fest. In den Detailplänen, den Elektro-, Heizungs- und ggf. Lüftungsplänen ist Ihr Haus ein erstes Mal »fertiggebaut«. Diese Pläne im Maßstab 1:50, 1:20, 1:5 oder 1:1 dienen als Grundlage für die Ausschreibung. So können die Handwerker ein Angebot für ihre jeweiligen Arbeiten abgeben. Anhand dieser Pläne entsteht dann auf der Baustelle Schritt für Schritt Ihr Haus.

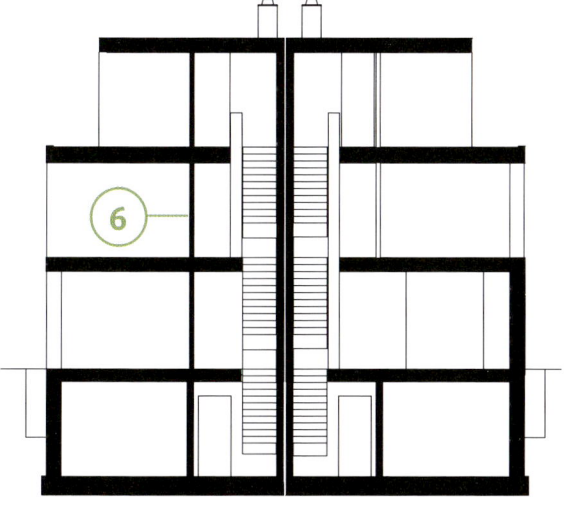

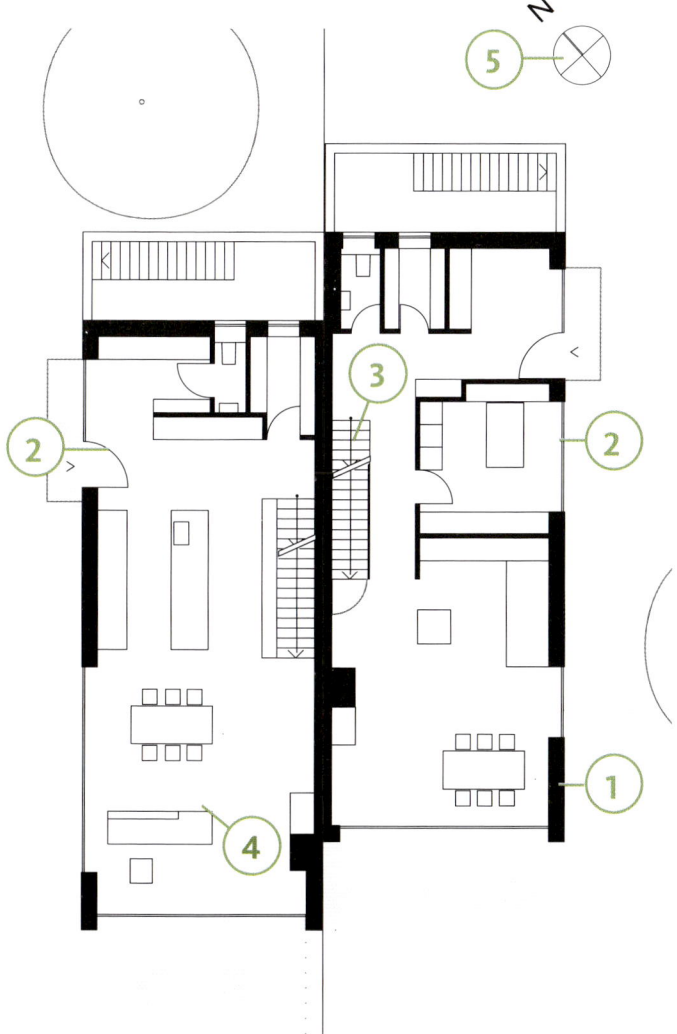

Entwurfsplan

1 Wände werden in dieser Phase meist vollflächig schwarz oder grau dargestellt.

2 Fenster und Türen werden mit einer dünnen Linie eingezeichnet.

3 Der Pfeil in der Treppe zeigt die Laufrichtung an. Die erste Stufe (Antritt) wird mit einem Punkt gekennzeichnet. Die diagonalen Linien zeigen den Schnittverlauf in der Höhe von 1 Meter an. Liegt eine Treppe darunter, sieht man die Stufen des Geschosses darunter.

4 Auch die Möbel werden mit einer dünnen Linie eingezeichnet. Auf den ersten Blick erkennen Sie, wie der Raum möbliert werden kann und welche Möglichkeiten der Grundriss bietet, sich so einzurichten, wie Sie später wohnen möchten. Tipp: In Verkaufsprospekten werden die Möbel oft kleiner gezeichnet, damit der Raum größer wirkt. Lassen Sie sich immer Pläne mit einem Maßstab geben. So können Sie kontrollieren, wie groß die Möbel sind.

5 Der Nordpfeil zeigt die Himmelsrichtungen an. So können Sie leicht erkennen, wie das Haus auf dem Grundstück ausgerichtet ist. Eine Terrasse oder Balkon im Norden ergibt wenig Sinn.

6 Im Schnitt erkennen Sie die dritte Dimension: die Raumhöhe. Aber auch, ob tragende Wände übereinanderstehen. Ist das nicht der Fall, entstehen höhere Kosten: In der Decke sind dann zusätzliche Stahlmatten erforderlich, um die Kräfte aufnehmen zu können. Leichte Innenwände können verspringen und haben keinen Einfluss auf die Deckenstatik. Im Schnitt sehen Sie auch, wo Lufträume oder Galerien geplant sind und wo dadurch Blickbeziehungen entstehen können.

Ausführungsplan

1 – Raumstempel
Für jeden Raum wird ein Raumstempel angelegt. Darin stehen alle wichtigen Angaben:
> Raumname und eine Raumnummer (erste Zeile)
> Art des Bodenbelags mit Oberflächenqualität und Aufbauhöhe (B: ...)
> Die Oberkante des Fertigfußbodens (OKFF) steht hinter dem weißen Pfeil,
> die Oberkante des Rohfußbodens hinter dem schwarzen.
> Außerdem werden Grundfläche (B: ...) und Raumhöhe (DH: ...) angegeben.

2 – Außenwand
Für die Materialien wie Betonfertigteil, Beton, Mauerwerk, Holz, Dämmung, Putz gibt es verschiedene Schraffuren. Im Maßstab 1:50 erkennt man den Wandaufbau.

3 – Innenwand
Man sieht, ob eine Wand als Trockenbauwand, als gemauerte Wand oder in Holzständerbauweise ausgeführt werden soll.

4 – Türen
Nicht nur die Breite, sondern auch die Höhe ist im Ausführungsplan vermerkt. Zudem erkennen Sie, ob die Zarge – so bezeichnet der Fachmann den Türrahmen – als Umfassungszarge oder als wandbündige Zarge vorgesehen ist.

5 – Fenster
Auch bei den Fenstern werden Breite, Höhe – in der Maßkette übereinander geschrieben – und vor allem die Brüstungshöhe (BRH) eingezeichnet. Außerdem sehen Sie, ob sich das Fenster nach rechts oder links öffnen lässt. Handelt es sich um eine Festverglasung, steht das Wort FIX im Plan.

6 – Treppe
Ein Kreis markiert die erste Stufe. 16 x 26,5 x 18,5 bedeutet: 16 Stufen führen ins nächste Geschoss. Die Steigungshöhe beträgt 18,5 Zentimeter, der Auftritt (die Breite der Treppenstufe) 26,5 Zentimeter. Mit einer kleinen Ziffer sind die einzelnen Stufen nummeriert. In einer Höhe von 1 Meter verläuft die Schnittlinie der Treppe. Wenn eine Treppe darunterliegt, werden die Stufen dieser Treppe mit durchgezogenen Linien dargestellt. Liegt ein Treppenlauf darüber, sind die Linien gestrichelt. Das führt selbst bei Profis manchmal zu etwas Verwirrung.

7 – Deckendurchbruch
Durchbrüche in den Decken sind nötig, um Versorgungsleitungen von Etage zu Etage zu führen. DD 40/40 bedeutet, dass der Durchbruch 40 Zentimeter breit und 40 Zentimeter lang ist. Durchbrüche sollten immer ausgespart und nicht nachträglich in die Decke geschnitten oder eingestemmt werden. Das spart Kosten. Größere Durchbrüche haben auch Einfluss auf die Statik der Decke.

8 – Schnittlinie
Die Schnittlinie wird im Grundriss eingezeichnet. Sie kennzeichnet, wo der Schnitt durch das Gebäude verläuft. Ein Schnitt kann auch verspringen, um möglichst alle wichtigen Informationen darzustellen. Der Pfeil an der Schnittlinie zeigt die Blickrichtung an. Meist sind Schnitte mit A–A, B–B klar bezeichnet.
Um ein Gebäude zu verstehen, benötigen Sie neben dem Grundriss auch vertikale Schnitte, meist Längs- oder Querschnitte genannt. Nur so können Sie sich die Raumhöhen vorstellen. Gerade bei Lufträumen sind Schnitte sehr hilfreich.

9 – Maßketten
Ohne eine Vermaßung kann kein Handwerker ein Haus bauen. Die äußere Maßkette gilt den absoluten Außenmaßen des Gebäudes. Die zweite bezieht sich auf die Dicke der Wandaufbauten. Eine dritte gibt die Raumabmessungen und die Dicke der Innenwände an. In Kombination mit den Maßketten in den Innenräumen, die die Längen von Innenwänden, Wandvorsprüngen und Türen angeben, sind alle Bauteile eindeutig verortet.

10 – Bauteile oberhalb der Schnittlinie
Es gibt immer wieder Bauteile, die oberhalb der 1-Meter-Grundriss-Schnittebene liegen: Wand- oder Deckenvorsprünge, Fenster, Oberlichter, Vordächer oder Balkone. Diese werden mit einer dünnen, kurzen Strichlinie eingezeichnet.

11 – Möbel
Im Ausführungsplan werden Möbel nur schematisch mit einer dünnen Linie eingezeichnet. Dies dient der Orientierung für die Handwerker. Für fest eingebaute Möbel wie Waschtische, Küche und Wandschränke werden eigene Ausführungspläne angefertigt, sofern der Architekt auch mit deren Planung beauftragt ist.

12 – verdeckte Linien
Einige Bauteile werden durch darüberliegende Bauteile verdeckt, oder wie bei der Treppe springt die Setzstufe – das Konstruktionselement zwischen den Auftritten – zum Auftritt zurück. Auch diese Informationen müssen natürlich verzeichnet sein. Sie werden mit einer dünnen, langen Strichlinie eingezeichnet.

SCHRAFFUREN

	WU-Stahlbeton
	Stahlbeton
	STB-Fertigteil
	Beton unbewehrt
	Vollholz
	Sperrholz
	Stahl
	Mauerwerk λ = 0,09
	Mauerwerk
	Kalksandstein
	Wärmedämmung
	Wärmedämmung
	GK-Ständerwand
	Aluminium
	Putz/Gips

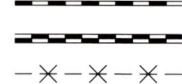

	Abdichtung (Bitumen 1-lagig)
	Abdichtung (Bitumen 2-lagig)
	Abbruch

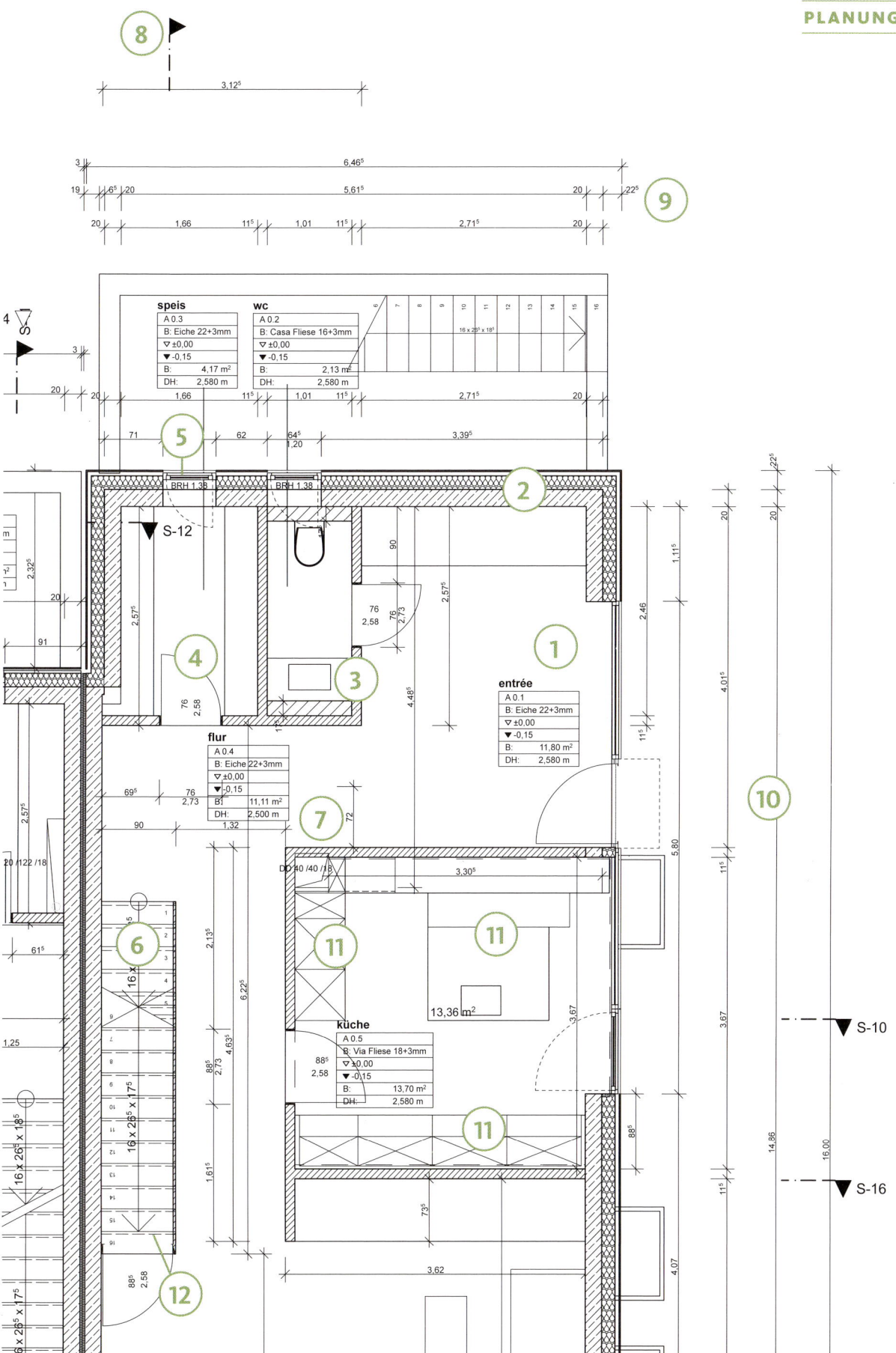

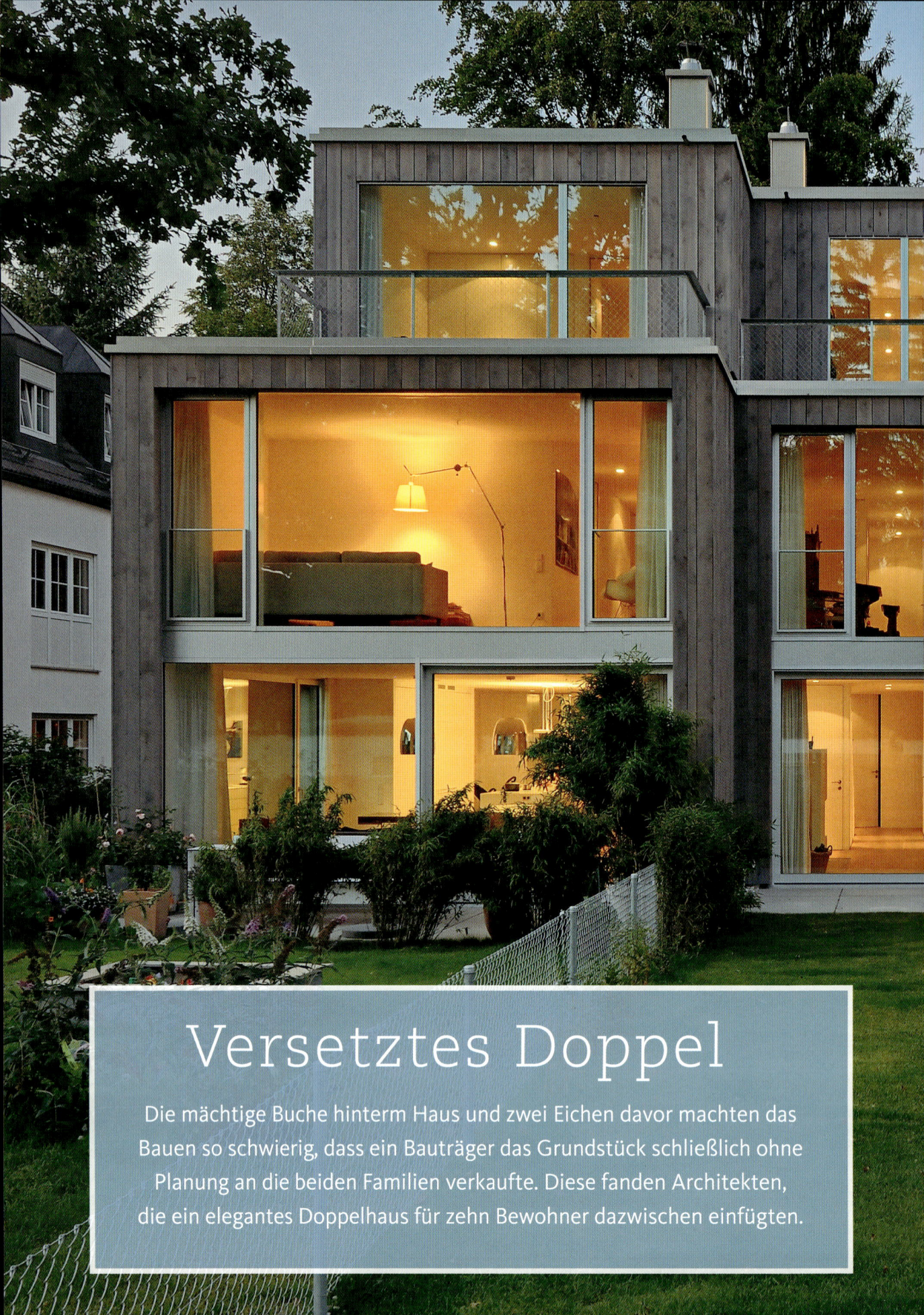

Versetztes Doppel

Die mächtige Buche hinterm Haus und zwei Eichen davor machten das Bauen so schwierig, dass ein Bauträger das Grundstück schließlich ohne Planung an die beiden Familien verkaufte. Diese fanden Architekten, die ein elegantes Doppelhaus für zehn Bewohner dazwischen einfügten.

Oben: Massive, 22 Millimeter starke Eichenholz-dielen wurden über der Fußbodenheizung verlegt und mit Öl-Wachs behandelt. Die eloxierten Alu-Fenstertüren lassen sich weit aufschieben.

Links: Gemeinsam bauen, doch diskret neben-einander wohnen: Beispielsweise hat jedes Haus eine eigene Heizung, die Kosten müssen also nicht verteilt werden. Im Obergeschoss bilden Rahmen mit Sicherheitsglas vor den Fenstertüren fast unsichtbare Absturzsicherungen.

E in Standardhaus passte nicht auf das schmale Grundstück und zwischen die Bäume, es entsprach auch nicht den Wohnwün-schen. Einer Baufamilie waren bereits Gebäude vom Münchener Büro Jacob & Spreng aufgefallen, die andere kannte die Jacobs durch die gleichaltrigen Kinder. Also wurde das Architekten-Duo beauftragt – mit der Vorgabe, dass die Kosten nur unwesentlich höher ausfallen durften als für den banalen Vorschlag des Bauträgers, der gestalte-risch noch Luft nach oben ließ.

Architekt Christoph Jacob besich-tigte das Grundstück, war von den Baumriesen beeindruckt und wieder mal froh, dass die Münchner Baum-schutzverordnung solche Schätze seit 1976 schützt. Große Bäume filtern bis 70 Prozent des Staubs aus der Groß-stadtluft und produzieren täglich 6000 Liter Sauerstoff – da zählt jeder Baum. Es dauert eine Generation oder mehr, bis solche Prachtexemplare erwach-sen sind, zum Fällen reichen ein paar Stunden.

MASSARBEIT Die Planer
schoben darum die westliche Doppelhaushälfte um Baumesbreite zur
Straße und platzierten die andere
möglichst nah an der Grundstücksgrenze im Nordosten: So blieb südlich
mehr Gartenfläche. Der Versatz bringt
weitere Vorteile: Das Doppelhaus sieht
insgesamt kleiner aus, jede Hälfte
wird betont und zudem liegen alle
Terrassen blickgeschützt. Zur Straße
flankieren zwei Eichen und eine Birke
das Grundstück. Der Fußweg zum östlichen Haus umrundet sorgfältig einen
Wurzelraum, die vorgeschriebenen
Stellplätze sind begrünt sowie was-
serdurchlässig gestaltet und dienen
zugleich als Gehfläche. Jacob wählte
die Betonfertigbauweise mit großformatigen, zweischaligen Betonplatten,
die auf der Baustelle mit Beton gefüllt
wurden. Eine Schalung ist dann nicht
nötig, das spart Zeit wie Geld und
funktionierte auch mit dem geringen
Abstand zu Nachbarn und Bäumen.

Links: Der Flur im Obergeschoss mündet nahtlos in einen Wohnbereich. Hinter der Wand rechts liegt das erste der drei Kinderzimmer, gegenüber befindet sich der Schornstein des Heizkamins.

Unten: Das Bücherregal führt durch alle Wohnetagen, es dient als Geländer und Raumteiler zugleich; oben endet es als Brüstung. Ein geknickter Glasstreifen im Boden lässt Tageslicht ins Untergeschoss fluten. Vor dem Heizkamin schützt er den Holzboden vor Asche und Funken.

»Schöne, alte Bäume sollte man erhalten – auch ohne Baumschutzverordnung.«

DATEN & FAKTEN
Grundstücke: je 427 m²
Wohnfläche: 213,5 m² (je gebaute Haushälfte)
Nutzfläche: 82 m² (je gebaute Haushälfte)
Bewohner: 5 + 5
Bauweise: Betonfertigbau (zweischalige Platten,
mit Beton gefüllt, gedämmt und bekleidet)
Haustechnik: Grundwasser-Wärmepumpe,
Fußbodenheizung
Ökomaßnahmen: Dachbegrünung, wasser-
durchlässige Pflasterflächen
Reine Baukosten: 2380 Euro je m² Wohnfläche
(ohne Keller, hochgerechnet für 2017)

Planung: Jacob & Spreng Architekten
Kraemer'sche Kunstmühle
Birkenleiten 41
81543 München
www.jacobundspreng.de

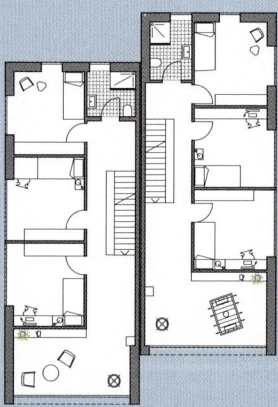

Obergeschoss

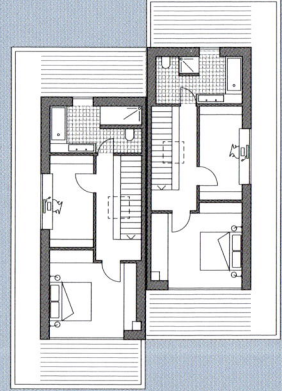

Dachgeschoss

Erdgeschoss

STRUKTUR IDENTISCH

Die Tragstrukturen beider Häuser sind an der mittigen
Doppelwand gespiegelt: Das Herstellen kommt so günstiger. Und die Baumaterialien sind nahezu identisch:
Für größere Mengen gibt es Rabatte; der Transport
geschieht effektiver. Die Planer variierten lediglich die
Grundrisse im Erdgeschoss und im Keller – offenes Wohnen links und raumweise sortiertes Zusammenleben
rechts. Es war nur nötig, Trennwände wegzulassen bzw.
anders zu platzieren und dann die Fenster entsprechend
zu positionieren. Die Zwillingsbauten sind innen nicht
mal 6 Meter schmal: ein überzeugendes Beispiel, wie gut
sich schmale Baugrundstücke nutzen lassen.

VARIANTEN Die Hälften bestehen jeweils aus zwei gleichen Etagenpaaren, darüber stuft sich der Elternbereich wie ein Pavillon zurück. Vorn und hinten entstand Platz für Dachterrassen, die Längsflanke blieb begrünte Dachfläche und erfüllt, da geländerlos, die Abstandsregeln zum Nachbarn – der Flachdachstreifen des Obergeschosses gilt dadurch als maßgebliche Höhe. Die Haushälften zeigen zur Straße und nach hinten je gleich große, spiegelbildlich gegliederte Fassaden. Die beiden Seitenansichten sind ebenfalls gleich – bis aufs Erdgeschoss. Denn dort bildet sich der jeweilige Wohnstil der Baufamilien auch außen ab, in unterschiedlicher Anordnung und Größe der Fenster. So

lässt sich schon von außen die innere Ordnung ablesen. Die Familie im Westhaus setzt auf offenes Wohnen: Haustür auf, und das Familienzentrum liegt im Blickfeld, ungemein kommunikativ. Hingegen wünschten sich die Bewohner des östlichen Hauses traditionell abgegrenzte Einzelbereiche: Eingang, Küche und Flur, der zum großen Wohnraum mit Essplatz führt. Die Kelleretagen spalten sich in Funktionsräume, etwa den Technikraum für die Grundwasser-Wärmepumpe und Lagerräume. Jede Haushälfte hat ihr eigenes Heizgerät, jede einen Kanalanschluss. An der Rückseite der Häuser führen Außentreppen vom Garten hinunter in Lichthöfe. Von dort gelangt man ins Gäste-/Au-pair-Zimmer.

KLUGE PLANUNG Zu Beginn war der Knoten fest: Ein schmales Grundstück für zwei Häuser, die Bäume, zehn Bewohner und zwei konträre Wohnstile. All dies sollte attraktiv und preiswert zu einem Gebäude verschmolzen werden. Doch als die Architekten ihr Konzept zeigten, waren die Baupaare gleich begeistert: Knoten gelöst. Ein harmonischer Bauablauf nahm seinen Gang. Klug und kostensenkend war die Idee, die Häuser größtenteils identisch zu gestalten und die Variablen nur in einem überschaubaren Bereich umzusetzen.

Links oben: Haustür und Fenster sitzen bündig in einer Fassade aus sägerauen Fichtenholzbrettern, die durch graue Pigmentlasur schöner altern: Haus und Natur verschmelzen optisch miteinander.

Rechts: Die Buche hinten blieb erhalten. Das westliche Haus rückte deshalb etwas nach Süden – und damit die Terrasse aus dem Blickfeld der Nachbarn. Dachpavillon und Terrassengeländer stufen sich hinter der Längsfassade zurück – so ist deren Oberkante maßgeblich für den nötigen Abstand zum Nachbarhaus.

Grüner wohnen in der Stadt

Ein Park um die Ecke ist weniger wert als ein Fleckchen Natur direkt am Haus. Besonders wenn zwei kleine Kinder rauswollen. So nahm das Münchener Paar ein ramponiertes, dunkles Stadthaus in Kauf, vertraute auf seine Kreativität und das Fachwissen des Familienvaters.

Links: Blick diagonal durchs Erdgeschoss: Fast alle Trennwände wurden entfernt, zwei Zimmer, Küche und Bad zur hellen Wohnhalle zusammengelegt. Licht fällt von zwei Seiten herein.

Unten: Eva Detig, Rainer Hofmann und die Kinder genießen ihre Holzterrasse, die den Wohnraum ins Freie verlängert und das Hochparterre über ein paar Stufen mit dem Garten verbindet.

Heute sichern sich Supermärkte große Grundstücke außerhalb der Stadt. 1892 bis 1895 stellte eine Genossenschaft 30 Häuser weit vor München auf die grüne Wiese. Nur dort war passendes Bauland bezahlbar, wenn jedes Haus einen Gartenanteil bekommen sollte. Die Gebäude gruppieren sich im Rechteck zum Block, in Gruppen von zwei, drei und vier Einheiten – so profitierten auch die Eckhäuser vom Grün im Innenhof. Jedes Haus wurde von mehreren Familien bewohnt. Bald kamen weitere Bauten hinzu, denn der 1890 eingemeindete Münchner Ortsteil Neuhausen wuchs kräftig.

PRIORITÄTEN Als Eva Detig und Rainer Hofmann rund 115 Jahre später eine Immobilie suchten, hatte sich die Stadt München weit über Neuhausen hinaus ausgedehnt. Das Reihenmittelhaus präsentierte sich in schlechtem Zustand und war darum vergleichsweise günstig. »Es war das zweite Haus, das wir besichtigten. Die 85 Quadratmeter Natur dahinter waren ein zentraler Grund für den Kauf. Mitten in der Stadt ist so etwas Luxus«, sagt Rainer Hofmann. Der Architekt von bogevischs buero sah

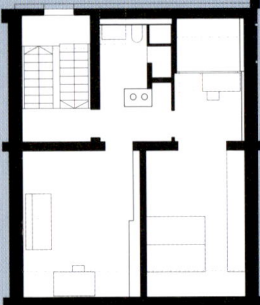

2. Obergeschoss

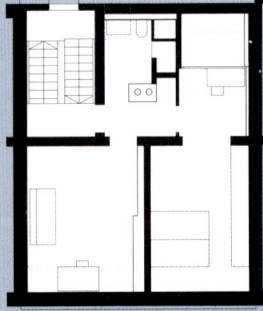

1. Obergeschoss

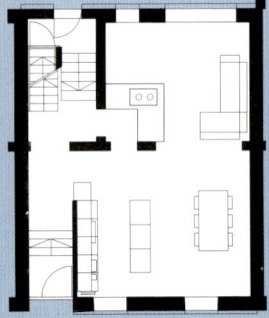

Erdgeschoss

0 1 2 3m

BEFREIT
Wegen früherer Umbauten war der Altbau nicht mehr denkmalgeschützt. So konnten drei Wohnungen zum großen und hellen Einfamilienhaus verwandelt werden.

NACHHALTIG
Der sanierte Altbau braucht so wenig Heizenergie, wie zur Umbauzeit für Neubauten vorgeschrieben war. Sparsame Haustechnik und ökologische Materialien schaffen ein angenehmes, gesundes Raumklima.

DATEN & FAKTEN
Grundstücksgröße: 170 m²
Wohnfläche: 165 m²
Zusätzliche Nutzfläche: 55 m²
Bewohner: 4
Reine Umbaukosten: 1553 Euro je m² Wohn- und Nutzfläche (hochgerechnet für 2017)

Planung:
bogevischs buero
architekten & stadtplaner
Schulstraße 5
80634 München
www.bogevisch.de

die Mängel des Altbaus, aber auch sein Potenzial. Das Paar folgte seinem Bauchgefühl. »Doch danach kamen die Zweifel«, erinnert sich Hofmann.

ALTE SÜNDEN Nasse Keller sanieren gehört zu den teuersten Reparaturen, oft gehen Maßnahmen schief. Dies erlebte in den 1970er-Jahren auch der Vorbesitzer. Er ließ innen Sperrputz auftragen. Doch die aufsteigende Feuchte konnte danach nicht mehr in den Keller entweichen, sondern kletterte weiter ins Hochparterre. Übliche Methoden – senkrechter Schutz außen und eine möglichst tief gelegte, waagerechte Sperrschicht im Mauerwerk – sind in Reihenhäusern nur an den freien Fassaden möglich. Die Trennwand zwischen den Häusern gehört aber zur Hälfte auch den Nachbarn. Wenn etwas nicht zu ändern ist, versucht man, das Übel in kontrollierte Bahnen zu lenken. Darum ließ Hofmann den Sperrputz entfernen und diffusionsoffenen Sanierputz plus Kalkschlämme auftragen. »Jetzt hat die Luft im Keller 60 Prozent Feuchte – das nehmen wir hin«, sagt er.

UMBAU Die drei Wohnungen mit je zwei Zimmern, Küche und Bad wandelten sich zum großen Einfamilienhaus mit 165 Quadratmetern Fläche. Treppenhaus und Flur wurden renoviert. Alle Zimmer im Hochparterre ergaben einen Familienraum. Ein Westfenster wurde zu breiten Glasschiebetüren vergrößert und niveaugleich eine Holzterrasse davorgesetzt, deren Treppe hinunter in den Garten führt. Die alte Küche im Obergeschoss wurde samt Boden entfernt, die Deckenbalken belassen. So gewann Hofmann die doppelte Raumhöhe überm Sofa, oben entstand eine Empore. Aus der Küche im Dach machte er die Loggia, von der er immer geträumt hatte. Er erneuerte die Haustechnik, ließ Kollektoren und eine Lüftungsanlage mit Wärmerückgewinnung installieren; dämmte Dach, Fassaden und Kellerdecke, orderte Dreifachverglasung – und brachte das alte Haus so auf Neubauniveau.

Ganz links: Gartenfassade: Zwei vergrößerte Westfenster fluten den Familienraum mit Licht. Die Dachloggia bietet einen zusätzlichen Freisitz.

Links: Neue Hochleistungsfenster füllen die alten Öffnungen. Doch der dunkle Anstrich und die weißen Flächen ordnen die Vorderfront harmonisch. Die neue Haustür befindet sich auf Straßenniveau, die Stufen wurden nach innen in den Flur verlegt.

Rechts: Doppelte Höhe, mehr Luft und Licht: Holzdecken lassen sich leicht öffnen, wenn Balken erhalten werden. Oben gibt es zwar einen Raum weniger, doch das Wohnvergnügen wächst enorm.

Unten rechts: Eine Faltwand kann die Empore über dem Sofa optisch und akustisch elegant abtrennen, wenn jemand Klavier spielen oder lesen möchte. Sonst parkt sie seitlich, fällt kaum auf.

Unten: Hohe Hecken trennen und schenken dem verwinkelten Garten Privatsphäre. Die Kinder ignorieren Hüben und Drüben und schlüpfen oft zwischen den Büschen hindurch zu ihren Freunden.

»Meine Frau träumte von einem Garten und ich von einer Dachterrasse. Nun haben wir beides. Unser gutes Bauchgefühl beim Kauf des Altbaus hat sich trotz mancher Zweifel als richtig erwiesen.«

Planen für die Zukunft

Familien wachsen und werden kleiner. Gebäude bleiben innerlich beweglich, wenn man Platzpuffer einplant, Grundrisse in Trakte oder Bereiche aufteilt, die separat oder gekoppelt zu nutzen sind. Später bewahrt das konstruktive Vorausdenken vor teuren, aufwendigen Umbauten.

Nur einmal im Leben bauen – und zwar gleich so, dass das Haus für alle Fälle taugt. Das stand ganz oben auf der Agenda von Annette und Karl-Heinz Freitag. Sie wünschten sich viel Raum für ihre fünfköpfige Familie und legten großen Wert auf ökologische Aspekte. Der Planer stand gleich fest: Sebastian Habermeyer, Schulfreund des Bauherrn und damals Architekt beim Freisinger Büro Architekturwerkstatt.

Die Familie lebte bereits über zehn Jahre in einem altmodischen Stadthaus, in dem Karl-Heinz aufgewachsen war. Das Paar diskutierte schon länger, ob es renovieren oder lieber neu bauen sollte. Denn gleich neben dem Wohnhaus befand sich – auf demselben Grundstück – auch der landwirtschaftliche Familienbetrieb. Das war mit Arbeitsgeräuschen und Lieferverkehr verbunden.

All dies waren starke Argumente für den Neubau. Hinzu kam: Zu Weidenplantage und Lager fuhr man hinaus vor die Stadt – das Hin und Her kostete viel Zeit. Dort darf man eigentlich keine Wohnhäuser errichten – nur, wenn man einen landwirtschaftlichen Betrieb besitzt oder leitet. Das passte.

Außerdem gibt es dann keinen Bebauungsplan: Bauherren können ihre Wünsche weitgehend umsetzen.

FUSION Nun wurden Arbeit und Privatleben vereint, aber doch durch einen großen Hof getrennt. Der Architekt schob das Wohnhaus ganz nach Westen an die Wiesen und schloss dessen Ostfassaden nahezu komplett. In straßenbreitem Abstand steht der landwirtschaftliche Gebäuderiegel parallel dazu. Unten reihen sich Arbeitsräume, Büro, Weidenlager und Kojen mit Weidenresten für die Hackschnitzelheizung. Diese wärmt Haus und Betriebsgebäude und sorgt für eine gute Ökobilanz. Im Obergeschoss befindet sich ein Lager: Zwischen Weidengestellen ruht dort das Indianer-Kanu, das aus der Naturburschen-Phase von Karl-Heinz stammt.

KONZEPT Der Bungalow umfasst dreiseitig einen geschützten Wohnhof, der sich zur Landschaft öffnet. In der 100 Quadratmeter großen Terrasse wartet ein Pool auf kleine und große Schwimmer. Der Nordtrakt mit Bad, Gäste- und Arbeitszimmer könnte sich mit einer neuen Abschlusstür schnell

Links: Familie Freitag hat sich ihr Paradies am Rand der Stadt geschaffen. Draußen und drinnen findet man für jedes Wetter, jede Stimmung einen attraktiven Platz.

Oben: Mit flacher Form und dezenter Farbgebung passt sich der Neubau perfekt der Umgebung an. Der Garten geht fast unmerklich in die Wiesenlandschaft über. Hinten rechts sind die Doppeltürme des Freisinger Doms zu erkennen.

Rechts: Wasserspiele im 28 Quadratmeter großen Pool: Er ist so geschickt in der 100 Quadratmeter großen Terrasse platziert, dass die Sonne das Wasser von früh bis spät wärmen kann.

Ganz rechts: Drinnen auf dem Sofa sitzen und nichts von der grandiosen Umgebung verpassen: dank großer Flächen aus Dämmglas, dünn gerahmt von Fensterprofilen. Durch den Glasstreifen mit der tiefen Laibung rechts blickt man auf den Essplatz draußen.

Unten: Nur wenige Schritte braucht Annette Freitag bis zur großen Kochinsel, die im Verbindungsbau zwischen den beiden Haustrakten steht.

»Im Sommer verlegen wir das Esszimmer ins Freie. Eine maßgefertigte, große Markise spendet Schatten – außen und innen.«

zur Zweizimmerwohnung wandeln; falls nötig, flicht Freitag einen transluzenten Weidensichtschutz, der den direkten Blickkontakt zum Pool unterbricht. Der südliche Wohnzimmertrakt vis-à-vis ist deutlich kürzer: So kann die Sonne das Schwimmbecken von früh bis spät wärmen. Eine Spange aus Diele, Kochinsel und Essplatz verbindet beide Bereiche und ist Nahtstelle

zum Kindertrakt. Dieser schiebt sich tief in den Hof, Richtung Betrieb. An einem langen Flur reihen sich Speisekammer und drei Kinderzimmer mit Bad. Auch dieser Gebäudeflügel könnte leicht separat genutzt werden, wenn Familie Freitag eine weitere Haustür an der vorbereiteten Stelle in der Außenwand platziert und den Flur abtrennt. Die Doppelgarage ragt an

der Nordecke auch über den Bungalow hinaus. Damit entstand ein dreiseitig geschlossener Vorplatz – eine halböffentliche Zone vor der Haustür.

VORSCHAU Der Bungalow ist durchgehend barrierefrei geplant und als Alterssitz geeignet. Ausnahme ist eine quadratische Box auf der Garage, denn die Eltern wünschten sich eine

Ruhe-Oase: das Schlafzimmer mit Ankleide und Bad und vorgelagerter Terrasse. Von dort genießt das Paar den Panoramablick auf die Landschaft. Das Gebäude ermöglicht viele Wohnvariationen: Student, Senior, Pflegekraft, Mehrgenerationenwohnen und weitere. Egal, was die Zukunft bringt – das Traumhaus passt sich an.

Rechts: Die Box mit dem Schlafzimmer befindet sich über der Doppelgarage. Die Nordostseite zeigt sich verschlossen. Malacca-Rohr an der Fassade verweist auf den Weidenbetrieb gegenüber.

Unten: Wer Ruhe sucht, setzt sich auf das Holzdeck vorm Schlafzimmer. Der Weidenzaun, der die Fläche sichert, wird gerade im eigenen Betrieb überarbeitet.

DATEN & FAKTEN
Grundstücksgröße: 1.945 m²
Wohnfläche: 323 m²
Zusätzliche Nutzfläche: 87 m²
(ohne Betriebsgebäude)
Bewohner: 5
Bauweise: massiv
Reine Baukosten: 1709 Euro
pro m² Wohn- und Nutzfläche
(hochgerechnet für 2017)
Endenergiebedarf: 43,4 kWh/(m²a)
Primärenergiebedarf: 12 kWh/(m²a)
Technik: Hackschnitzelheizung;
Photovoltaikanlage

Planung:
Architekturwerkstatt
Gmeiner Habermeyer Huber
Obere Domberggasse 5
85354 Freising
www.arch-werkstatt.de

Projektleitung:
Sebastian Habermeyer
www.architekturteam-habermeyer.de

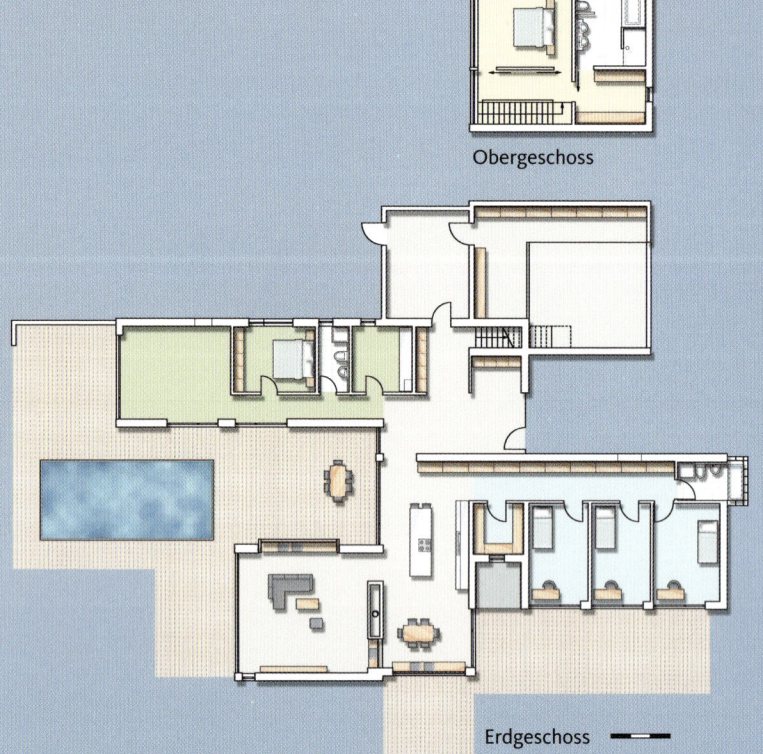

Obergeschoss

Erdgeschoss

Rechts: Lieblingsplatz von Tochter Rosalie: Die Bank neben dem ummauerten Heizkamin. Mehr Lesestoff wartet gleich daneben im Regal an der Wohnzimmerwand.

Rechts Mitte: Essen mit Aussicht: Die Fenster über der Sitzbank lassen sich weit auffalten, dann hängt der Kronleuchter quasi mitten im Landschaftsbild. Links geht es hinaus zur Frühstücksterrasse.

Rechts unten: Wellnessbad: Die Bauherren setzten auf Naturmaterialien, ließen im Bad Jurafliesen verlegen. Der Kalkstein wurde imprägniert, damit Wasser und Öl keine Flecken hinterlassen.

LEBENSLAUF HAUS

Innerlich beweglich bleiben, das ist auch für Gebäude wichtig. Denn Wohnbedürfnisse und -wünsche ändern sich. Je größer die Familie, umso mehr Fläche wird gebraucht. Abhilfe: Platzpuffer oder Wachstumszonen vorsehen; »Sollbruchstellen« einplanen, an denen sich Einheiten leicht abtrennen lassen. Man kann nicht jedes Ereignis im Leben vorausdenken – aber Wandelbarkeit einplanen.

MODELL FREISING

Annette und Karl-Heinz Freitag wollten nur einmal bauen, dafür aber richtig: nachhaltig und energieeffizient, aus Naturmaterialien – Ehrensache, wenn der Bauherr tagtäglich mit Naturmaterialien arbeitet. Dazu möglichst barrierefrei: von Vorteil für jede Generation.
Mit wenigen Trennwänden, Eingangs- oder Wohnungstüren an vorbereiteten Stellen ließe sich der Bungalow leicht in zwei oder drei autarke Einheiten aufteilen – die drei Farbflächen (grau, grün und blau) im Grundriss deuten dies an.

In Etappen zum Ziel

Das Dreifamilienhaus gefiel dem jungen Paar nicht, dafür das Grundstück und die Umgebung. Es kaufte, renovierte das Erdgeschoss und zog ein. Zehn Jahre später folgte der Befreiungsschlag: Das Ismaninger Haus wurde komplett umstrukturiert, gewann höchste Wohnqualität und innen neue Größe – trotz gleicher Kubatur.

Wer mehrere Schritte macht, kommt sicherer voran als mit einem Riesensprung und schont die Nerven: Es bleibt mehr Zeit für die Familie, um das Budget aufzufüllen und um nachzudenken.

Tanja und Stephan Di Pancrazio schauten sich in einem ruhigen Viertel Ismanings bei München einen stattlichen, aber unattraktiven Altbau an. Die Isarauen und zwei Seen sind nah, die Autobahn wenige Fahrminuten entfernt. 1970 war das Haus gebaut worden: zwei Wohnungen von je 90 Quadratmetern übereinander mit einem Satteldach darauf. 1995 war am Westgiebel eine dritte Wohneinheit hinzugekommen, die sich ins Dach erweiterte. Die betagte Eigentümerin verkaufte an das junge Paar und bekam lebenslanges Wohnrecht im Obergeschoss. Die beiden renovierten die Wohnung darunter und zogen ein.

ZEITENWENDE Fünf Jahre später kam Luisa zur Welt. Das Kinderzimmer war klein, alle Räume waren abgeschottet: Grundriss und Details, etwa der verklinkerte Rundbogen oder die gelbgrünen Badfliesen, verströmten den Chic der 1970er-Jahre. Di Pancrazio erinnert sich: »Wenn draußen der Wind stürmte, flackerten innen die Kerzen – so undicht waren die Fenster. Auch optisch war das Haus eine Katastrophe. Schleppgauben zerfurchten das tiefgezogene Dach, ließen jedoch wenig Tageslicht unter die Schräge.«

Der junge Architekt kam auf die Idee, aus den beiden identischen Wohnungen eine große für seine Familie und eine kleinere für die ältere Dame zu machen.

RADIKALKUR Ein halbes Jahr später waren die Pläne genehmigt. Die frühere Eigentümerin zog für sieben Monate zur Enkelin. Ihre Wohnung wanderte auf der gleichen Etage an die Westseite und wurde um 25 Quadratmeter verkleinert. Die hinzugefügte Wohnung mit 41 statt 95 Quadratmetern wurde komplett ins Dachgeschoss verlegt.

Das Dach wurde erneuert, gedämmt, der Überstand gekappt und neue Gauben passender Größe gezimmert. Die Hälfte des Obergeschosses vergrößert nun die Hauptwohnung im Erdgeschoss um 47 Quadratmeter und schafft so Platz für zwei gleich große Kinderzimmer, Duschbad und Flur. Di Pancrazio entfernte das obere Schlafzimmer komplett mit der Geschossdecke; der Luftraum des Erdgeschosses reicht nun bis zum First. So gewann er 9 Meter Höhe und eine sensationelle Raumgeometrie. Die einfallsreiche, schlichte Stahltreppe verbindet im Luftraum untere und obere Ebene zur Maisonette. Im Erdgeschoss wurden aus Wohn- und Schlafzimmer samt Küche der neue Familienraum. Der Flur zählt optisch mit, denn von der tragenden Längswand blieben im Wohnbereich nur zwei Scheiben stehen. Diese gravierenden Eingriffe und die vergrößerten Fenster forderten den Statiker heraus, kosteten viel, bescherten jedoch unbezahlbares Wohnvergnügen und außen harmonische Proportionen. Das Sich-Zeitlassen lohnte sich: Der banale Altbau entwickelte sich zur Architekturperle.

Ganz links: Lebensraum: Wo früher das Schlafzimmer war, isst Familie Di Pancrazio heute an einem alten Tisch. Darüber öffnet sich der Luftraum – man sieht von innen, wie hoch das Haus ist.

Links: Eine müde Mixtur aus den 1970er-Jahren wandelte sich zum modernen Klassiker. Dieser brilliert mit hohem Wohnwert und einem attraktiven Garten.

PRÜFSTAND

Der Altbau war waagerecht in identische Wohnungen geteilt. Der Zubau einer weiteren Wohnung verwischte die klare Aufteilung – bot aber auch die Chance zu einer neuen inneren Ordnung. Jetzt ist das Haus senkrecht geteilt mit zwei ungleichen Einheiten plus separater Dachwohnung. (Abriss = rot, neue Ergänzungen = grün).

DATEN & FAKTEN

Grundstücksgröße: 742 m²
Wohnfläche: 139 m² + 65 m² + 41 m²
Zusätzliche Nutzfläche: 156 m²
Bewohner: 3 + 1
Endenergiebedarf: 73,8 kWh/(m²a)
Reine Umbaukosten: 1626 Euro je m² Wohnfläche (hochgerechnet für 2017)

Planung:
F8 büro für architektur
Freimanner Straße 8
85737 Ismaning
www.f8-architektur.de

Erdgeschoss

Obergeschoss

»Wir gaben dem lapidaren Haus eine präzise Form. Es hat sich gelohnt, die Statik zugunsten des Luftraums und der großen Fensterflächen massiv zu ändern.«

Links: Türen demontiert und Öffnungen verbreitert, zwei Trennwände komplett entfernt, eine versetzt: Jetzt präsentiert sich der Familienraum auf 53 Quadratmetern, hell und gut strukturiert.

Rechts oben: Überblick: Von der Küche aus schaut man auf den Wohnbereich – oder durch die bodentiefen Aluminiumfenster in den wohnlich gestalteten Garten.

Rechts: Maisonette: Spektakulär und kantig-weiß führt die Treppe hinauf zum Bad und den beiden Kinderzimmern – jedes bietet rund 16 Quadratmeter.

Heizsysteme

Planen Sie einen Neubau oder möchten Sie einen Altbau sanieren?
Flächenheizung oder Heizkörper? Wie sehen die örtlichen
Gegebenheiten aus – Standort, Grundstück, Bodenbeschaffenheit?
Das alles beeinflusst die Wahl der Heizung.

Fossile Brennstoffe

In Altbauten kann man oft nicht auf fossile Brennstoffe verzichten. Dann lohnt es sich, den alten Kessel gegen ein effizientes neues Modell zu ersetzen. Doch auch in Neubauten liegt Gas bei den Heizsystemen immer noch ganz vorn. Meist kombiniert mit regenerativer Technik: Solarkollektoren plus Wärmespeicher und Holzheizungen.

GAS UND ÖL Gas verbrennt sauberer als Öl, doch beide Brennstoffe erzeugen viel CO_2. Erdgas ist beliebt, weil es per Leitung ins Haus transportiert wird. Für Öl braucht man einen Tank oder Lagerraum.

BRENNWERTKESSEL Gas und Öl enthalten Wasser, das beim Verbrennen verdampft und Energie aufnimmt. Übliche Kessel lassen Dampf und Abgase ins Freie. Diesen Heizwert setzt man mit 100 Prozent gleich. Brennwertgeräte kühlen den Wasserdampf, dieser kondensiert und gibt darin gespeicherte Energie frei. Sie heizt das kühle Rücklaufwasser auf: von Gas 10–12 Prozent, von Öl 6–7 Prozent. Gas hat also einen Heizwert von 112 Prozent.

Regenerative Technik

Sie wollen sich befreien von steigenden Heizkosten und der Abhängigkeit von fossilen Brennstoffen? Dann nutzen Sie erneuerbare Energien. Das ist auch am umweltfreundlichsten. Regenerative Systeme sind zwar meist teurer als eine fossile Heizung, der Betrieb dafür ist jedoch meist günstiger.

BRENNSTOFF HOLZ Der nachwachsende Rohstoff gilt als CO_2-neutral. Denn Holz gibt beim Verbrennen nur genau die Menge CO_2 wieder ab, die es beim Wachsen eingelagert hat. Man heizt mit Stückholz, Hackschnitzeln oder Pellets. Das sind kleine Presslinge aus Säge- oder Hobelspänen, also aus Holzabfällen.

Links: Kompakte wandhängende Gas-Brennwert-Zentrale. Warmwasserversorgung mit gut gedämmtem Schichtenspeicher, für die Wohnung oder ein kleines Einfamilienhaus.

Oben: Die Presslinge für Pelletkessel lagern in einem Sacksilo
oder Erdtank, je nach Platz. Sie
werden automatisch zum Verbrennen befördert.

Oben: Pelletöfen stellt man wie
Kaminöfen im Wohnraum auf,
man bestückt sie per Hand mit
dem Brennstoff.

Kachelöfen heizen seit Jahrhunderten zuverlässig. Gekoppelt mit einem Solarkollektor und einem großen Pufferspeicher wird daraus eine umweltfreundliche Ganzhausheizung. Dazu wird ein Wasserregister installiert, das Heizkörper oder Fußbodenheizung mit Wärme versorgt.

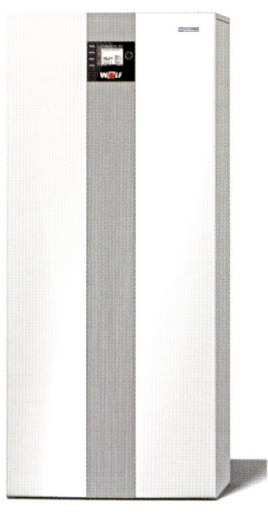

Oben: Ein bodenstehendes Öl-Brennwert-
gerät fürs Ein- oder Mehrfamilienhaus
kann an jede Einbausituation angepasst
werden: ideal für Modernisierungen.

Pelletöfen werden im Wohnraum aufgestellt, sie sehen aus wie Kaminöfen. Sie verbrennen Pellets und können per Hand bestückt werden. Manche Öfen heizen ein ganzes Haus. Pelletkessel stehen im Keller und bedienen die Zentralheizung. Eine Förderschnecke transportiert die Presslinge vom Vorratsbehälter automatisch zum Ofen. Die Pellets lagern in Schächten, Sacksilos oder Betonsilos.

WÄRMEPUMPE Die Geräte holen Wärme aus der Luft, dem Grundwasser oder dem Erdreich und bringen diese auf ein nutzbares Energieniveau. Das funktioniert so: Flüssiges Kältemittel zirkuliert und nimmt die gesammelte Wärme auf von Sole, Wasser oder Luft. Im Verdampfer wird das flüssige Kältemittel zu Gas. Der Verdichter drückt das Gas wieder zusammen, wobei es noch heißer wird. Die so entstandene Hitze wird nun vom Heizsystem genutzt. Das Gas verflüssigt sich wieder, die freigesetzte Wärme wird ans Heizwasser abgegeben. Ein Ventil nimmt dem Gas den Druck. Es darf entspannen, dehnt sich wieder aus und wird dabei eiskalt. Der Kreislauf beginnt von Neuem.

Solarthermie

Kollektoren wandeln Sonnenlicht in Wärme um. Man unterscheidet zwischen Flach- und Röhrenkollektoren. Bei den Vakuum-Röhrenkollektoren umgibt ein Vakuum die kleineren Röhren. Sie sind effizienter als Flachkollektoren – aber auch teurer. So funktioniert das System: Sonnenstrahlen treffen auf einen Absorber, meist ein Kupferblech mit schwarzer Schicht auf Titanbasis. Die Wärme wird auf die Trägerflüssigkeit übertragen. Diese Sole fließt zum Speicher, liefert dort die Wärme ab und kehrt wieder zum Kollektor zurück. Man kann mit den Kollektoren Trinkwasser erwärmen oder auch die Heizung unterstützen. Dazu braucht man einen bivalenten Solarspeicher mit zwei Wärmetauschern. Einer wird mit der Solaranlage verbunden, der zweite mit der Heizungsanlage.

Die Jahresarbeitszahl (JAZ) gibt an, wie viel Wärme im Verhältnis zur eingesetzten Strommenge bereitgestellt wird. Je höher die Zahl, desto besser. Ökologisch effektiv sind Pumpen mit einer JAZ von 3,5. Das bedeutet: Aus 1 Kilowattstunde (kWh) Strom und 2,5 kWh Umweltwärme entstehen 3,5 kWh Wärme für Heizung und Brauchwasser.

Es gibt folgende Systeme:

Luft-Wasser-Wärmepumpe

Sie saugen über einen Ventilator Außenluft an und entziehen dieser die Wärme. Das klappt auch bei Minusgraden. Sie brauchen wenig Platz. Je nach Ausführung sind Strömungs- und Ventilatorgeräusche möglich. Man sollte die Geräte nicht direkt zum Nachbarn hin aufstellen und die Lärmschutzgrenzwerte im Wohngebiet beachten.

Wasser-Wasser-Wärmepumpe

Nutzt Wärme aus dem Grundwasser, das eine konstante Temperatur von etwa 10 Grad aufweist. Für den Betrieb braucht man zwei Bohrungen: für einen Förder- und für einen Schluckbrunnen, um das Wasser wieder zurückzuführen. Man muss zuvor eine Genehmigung einholen, um Grundwasser mit der Wärmepumpe zu nutzen.

Sole-Wasser-Wärmepumpen

Holen die Wärme aus dem Erdreich. Erdwärmekollektoren werden in einer Tiefe von 1 bis 2 Metern horizontal verlegt. Das braucht viel Platz und klappt daher nur, wenn das Grundstück sehr groß ist. Die Fläche über den Kollektoren darf nicht versiegelt werden. Erdsonden werden per Tiefenbohrung eingebracht, zwischen 40 und 100 Meter tief. Für die Bohrung braucht man eine Genehmigung. Die Variante ist teurer als die Kollektoren. Bereits ab einer Tiefe von 10 Metern bleiben die Temperaturen konstant, das verbessert den Wirkungsgrad. Die Tiefe der Sonde richtet sich nach dem Wärmebedarf des Hauses und der Wärmeleitfähigkeit des Untergrunds.

BLOCKHEIZKRAFTWERK

Es arbeitet nach dem Prinzip der Kraft-Wärme-Kopplung (KWK). Das funktioniert so: Ein Otto- oder Stirlingmotor verbrennt Erdgas, Biogas, Öl, Rapsöl oder Biodiesel, erzeugt dabei Bewegungsenergie – und produziert außerdem Strom. Diesen kann man ins öffentliche Netz einspeisen oder selbst verbrauchen. Dabei erhitzt sich der Motor stark. Diese Abfallwärme nutzt man per Wärmetauscher zum Heizen. Mini-Blockheizkraftwerke gibt es schon länger. Fürs Einfamilienhaus rentiert sich ein Mikro-BHKW: Es produziert etwa 1 Kilowatt (kW) Strom und 6 kW Wärme. Es ist dann effizient, wenn es möglichst konstant läuft.

Oben: Das Brennwertgerät funktioniert mit Kraft-Wärme-Kopplung: Dabei wird Strom und Heizwärme als »Abfallprodukt« erzeugt.

Das Heizsystem muss zum Haus passen. Bei der Auswahl kann ein Energieberater helfen.

BRENNSTOFFZELLE Lange gab es nur Feldtests, doch seit wenigen Jahren sind die ersten Geräte auf dem Markt. Brennstoffzellen arbeiten mit Erdgas. Es besteht hauptsächlich aus Methan und wird auf simple Weise in ein wasserstoffreiches Gas umgesetzt, Techniker nennen das Reformierung. Wasserstoff dient den Brennstoffzellen als Energieträger und wird durch eine kontrollierte elektrochemische Reaktion in Wärme und Strom verwandelt. Durch diesen Prozess arbeiten Brennstoffzellen mit einem sehr hohen Wirkungsgrad. Auch der Verschleiß ist geringer als bei mechanisch arbeitenden Systemen.

Gut abgestimmt – Heizungsregelung

Früher kaufte man einzelne Komponenten, heute ein aufeinander abgestimmtes System. Denn eine effiziente Leistung erreicht man nur, wenn alle Komponenten des Heizsystems, also alles, was Wärme erzeugt, verteilt und speichert, aufeinander abgestimmt sind. Erleichtert wird das Bedienen durch Touchpads, die Nutzer intuitiv verstehen. Außerdem lässt sich die Heizung per Smartphone und App steuern. Auch Heizungstechniker können so von extern schneller vorab sehen, was fehlt. Modulare Systeme erlauben es, eine Erweiterung vorzubereiten. So können Solaranlage oder Brennstoffzellengerät später einfach angedockt werden, nach dem Prinzip Plug-and-Play.

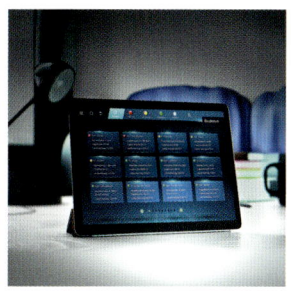

Lüftung

In neuen Gebäuden mit einer dichten Außenhülle findet kein Luftaustausch mehr statt. Mit einer Lüftungsanlage kann ein kompletter Luftaustausch erfolgen, automatisch und konstant. Die Abluft transportiert Feuchtigkeit nach draußen. Wärmerückgewinnung: Ein Wärmetauscher entzieht der Abluft 90 Prozent der Wärme und heizt damit die zugeführte Frischluft wieder auf. Bei zentralen Lüftungsanlagen verteilt ein Zentralgerät die Frischluft durch Lüftungskanäle im ganzen Haus. Bei der dezentralen Lüftung werden Lüftungsgeräte in einzelnen Räumen eingebaut, an der Außenwand. Rohre führen Zu- und Abluft direkt nach draußen. Es müssen keine Rohre im ganzen Haus verlegt werden. Die Lösung rentiert sich zum Nachrüsten und bei Sanierungen.

Dämmung

Egal, ob man den Fernseher einschaltet oder die
Tageszeitung aufschlägt: Über Dämmung wird viel diskutiert.
Hier finden Sie die wichtigsten Aspekte auf einen Blick.

Die Wärmedämmung reduziert Wärme- und Kälteverluste des Hauses. Die Dämmeigenschaft hängt ab von der Größe, Anzahl und Anordnung der Poren, von der Rohdichte, der Feuchte und nicht zuletzt vom Ausgangsmaterial. Eine Übersicht über die unterschiedlichen Materialien finden Sie auf der nächsten Doppelseite. Wenn Sie unsicher sind: Lassen Sie sich gut beraten, denn alle Maßnahmen müssen auf das Haus abgestimmt werden – sonst können Bauschäden entstehen. Ob Sie neu bauen oder sanieren: Fürs Dämmen gibt es gute Gründe.

teile nennen Fachleute auch Transmissionsverluste. Die Dämmwirkung eines Bauteils wird bewertet mit dem U-Wert. Er gibt die Wärmemenge an, die durch einen Quadratmeter des Bauteils nach draußen fließt, wenn der Unterschied zwischen innen und außen 1 Kelvin beträgt (das entspricht 1 Grad Celsius). Je kleiner der Wert $W/(m^2K)$, desto besser die Dämmwirkung. Wichtig ist, dass lückenlos gedämmt wird, sonst entstehen Wärmebrücken, an denen mehr Energie nach draußen fließt. Diese Stellen sind auf der Raumseite kälter als drumherum. Die warme, feuchte Raumluft kühlt hier schneller ab, Feuchte verflüssigt sich an der Wand – das Schimmelrisiko steigt. Nahtstellen zum Keller, um Fenster und Türen, auskragende Balkonplatten sind mögliche Problemstellen.

UMWELT

Deutschland und die Europäische Union verfolgen ambitionierte Klimaschutzziele: Bis 2020 sollen die Treibhausgase um 20 Prozent gesenkt werden, der CO_2-Ausstoß sogar um 80 Prozent (im Vergleich zum Basisjahr 1990). Gleichzeitig sollen 20 Prozent Energie eingespart werden. Das klappt nur, wenn der Energiebedarf stark gesenkt wird.

WÄRMESCHUTZ

Dämmung ist die effektivste Maßnahme, um Energie zu sparen. Etwa 80 Prozent der im Haus benötigten Energie verwenden wir fürs Heizen. Sind Dach und Fassade nicht ausreichend gedämmt, fließen durchschnittlich 25 Prozent der eingesetzten Heizenergie nutzlos nach draußen – je kälter es draußen ist, desto mehr. Wärmeverlust durch Außenbau-

SPAREN

Wer energiesparend baut, kann unterschiedliche Förderprogramme in Anspruch nehmen. Erkundigen Sie sich online nach Fördermitteln: bei der KfW unter www.kfw.de, beim Bundesamt für Wirtschaft und Ausfuhrkontrolle unter www.bafa.de.

OPTIK

Wer dämmt, hat die Chance, der Fassade ein besseres Aussehen zu geben und Proportionen zu bereinigen – leider gelingt dies nicht immer. Achten Sie darauf, dass die Dämmung zu Fenstern, Haustüren, Dach passt und diese optisch nicht erdrückt. Mineralische Putze trocknen schneller, und Algen wachsen dort erst gar nicht.

VORSCHRIFTEN

Die derzeit gültige Energieeinsparverordnung (EnEV) schreibt vor, welche U-Werte einzelne Bauteile eines Gebäudes einhalten müssen. 2016 gab es eine Verschärfung für Neubauten: Der erlaubte Primärenergiebedarf für Neubauten wurde um 25 Prozent verschärft, der Wärmeschutz der Gebäudehülle muss um 20 Prozent verbessert werden. Für Wohngebäuden mit kleinem Fensterflächenanteil gibt es eine strengere Vorschrift zum Transmissionswärmeverlust: Die Dämmung muss dann verstärkt werden.

HAUSTECHNIK

Wenn Bewegungsmelder, Steckdosen oder Leuchten nachträglich an der Außenwand angebracht werden, durchbricht die Elektroinstallation zum Beispiel auch Dampfsperre und Folien – die Gebäudehülle ist nicht mehr luftdicht. Durch diese Lecks geht Wärme verloren; außerdem kann oft die warme, feuchte Raumluft in die Wandkonstruktion eindringen – sie kühlt dort ab und setzt Feuchte frei. Sprechen Sie mit dem Energieberater, ob für das Kabelnetz eine zusätzliche Installationsschicht möglich ist. Für Hohlwände gibt es Unterputzdosen mit Dampfbremse oder Dämmung. Für massive Fassaden verwendet man Klebeflansche. Geräte wie Leuchten montiert man auf Universalträgern, mit denen keine Wärmebrücke entsteht.

BEHAGEN

Es fröstelt Sie, obwohl die Heizkörperventile geöffnet sind? Es scheint zu ziehen, obwohl alle Fenster geschlossen sind? Ob wir uns in einem Raum wohlfühlen, hängt von verschiedenen Faktoren ab, zum Beispiel von Feuchte, Luftqualität, Lufttemperatur und vom Lüften. Fachleute sprechen von »thermischer Behaglichkeit«. Angenehm empfinden wir das Raumklima, wenn die Temperaturen von Wand, Boden, Decke, Fenster um nicht mehr als 4 Kelvin von der Raumluft-Temperatur abweichen. Das ist schwer zu erreichen, vor allem mit alten Fenstern und unzureichend gedämmten Wänden. Man spürt nicht nur den tatsächlichen Unterschied von 4 Kelvin, sondern empfindet diesen als doppelt so stark. Beispiel: Hat die Außenwand einen U-Wert von 1,5 W/(m²K) und die Raumluft eine Temperatur von 20 Grad, ist es uns unbehaglich. Wichtig ist auch ausreichendes Lüften. Sonst bleiben Feuchte und Schadstoffe im Raum – schlecht für die Gesundheit, Schimmel entsteht. Einige Minuten Stoßlüften reichen aus, um die feuchte Luft auszutauschen. Alle zwei Stunden sollte die Raumluft komplett erneuert werden. Automatisch und ohne Mühe passiert das mit einer Lüftungsanlage.

WETTERSCHUTZ

Zur Fassadendämmung gehören Dämmplatten, Armierungsgewebe, Putzschichten und Schlussanstrich. Das Paket wirkt wie ein Schutzwall für Fassade und Mauerwerk. Regen, Hagel und Schnee werden abgehalten – und große Hitze. Oft wird auch ein Wärmedämmverbundsystem (WDVS) eingesetzt: eine mehrschichtige Konstruktion zum Dämmen von Außenwänden. Die Elemente bestehen üblicherweise aus einer Befestigung auf der Tragwand (kleben, kleben plus dübeln, mechanisch), der Wärmedämmung, einer Armierungsschicht und einem Außenputz. Wegen der eingesetzten Materialien und möglicherweise entstehenden Schäden am Gebäude werden WDVS-Systeme jedoch kritisch betrachtet.

SOMMERHITZE

Wenn die Temperaturen tagelang über 30 Grad liegen, wird es auch im Haus heiß – vor allem unterm Dach. Die EnEV schreibt für Neubauten deshalb Maßnahmen zum »sommerlichen Wärmeschutz« vor. Diese rentieren sich auch im Bestandsgebäude. Ziel ist es, ein angenehmes Innenraumklima zu erzeugen und den Energieverbrauch für Klimageräte kleinzuhalten. Wichtig ist der Aufbau der Bauteile. Man braucht eine ausreichend dimensionierte Dämmung, wenn möglich auf der Außenseite. Sie minimiert die Transmission, die Wärmewanderung in beide Richtungen. Im Inneren benötigt man Speichermassen, also massive Wände und Decken. Denn diese nehmen tagsüber Wärmegewinne auf und geben sie abends langsam wieder ab, wirken also ausgleichend.

── Dämmstoffe ──

Man unterscheidet Dämmstoffe in drei Kategorien: synthetische, mineralische und nachwachsende oder naturnahe – benannt nach den Grundmaterialien, aus denen sie bestehen. Zu den synthetischen gehören beispielsweise Aerogel, Extrudierter Polystryrol-Hartschaum (EPS) und Polyurethan (PUR). Die mineralischen Materialien kennt man eher. Dazu zählen Glaswolle, Steinwolle, Per-

lite, Schaumglas. Zu den naturnahen Dämmstoffen zählen Holzwolle, Holzfaser, Flachs, Hanf, Zellulose, Kork. Hier ein Überblick über die Dämmeigenschaften einiger dieser Materialien.

WÄRMELEITFÄHIGKEIT Sie beschreibt, wie viel thermische Energie ein Baustoff mittels Wärmeleitung transportiert. Abgebildet wird sie durch die Wärmeleitzahl λ (Lambda-Wert) in Watt pro Meter mal Kelvin (W/(mK)). Je kleiner die Zahl, desto besser. Alle Angaben sind Durchschnittswerte.

LESESTOFF Viele Informationen und Tipps finden Sie bei: www.qualitaetsgedaemmt.de und bei www.daemmen-lohnt-sich.de. Mehr über Dämmung mit Naturmaterialien weiß die Fachagentur für nachwachsende Rohstoffe: www.fnr.de. Das Bundesministerium für Umwelt, Naturschutz, Bau und Reaktorsicherheit hat einen Fördermittel-Check für Neubau und Modernisierung zusammengestellt, im Netz unter: www.klima-sucht-schutz.de.

Aerogel

Hochporös, in der Regel auf Silikatbasis. Erzeugung aus einem Gel, dem man Flüssigkeit entzieht – es entsteht ein mineralischer Feststoff mit 95 % Porenanteil. Einsatz in Dämmputzen, Dämmplatten, Tageslichtpaneelen sowie Einblasdämmstoffen. Man braucht nur eine dünne Schicht: höchste Dämmleistung bei kleinem Volumen, Wärmeleitfähigkeit: bis 0,012 W/(mK).

Vakuum-Paneel

Extra dünn, kommt zum Einsatz, wenn nur wenige Zentimeter Platz zur Verfügung stehen. Wurde früher an Kühlschränken eingesetzt. Für das dünne Paneel wird ein dämmender Kern unter Vakuum mit einer Aluminium-Kunststoff-Verbundfolie verschlossen. An Decke, Wand, Boden einsetzbar, auch als Innendämmung. Wärmeleitfähigkeit 0,004 bis 0,008 W/(mK).

PUR

Oberbezeichung: PU-Dämmstoff. Wird an Boden, Decke, Dach, Wand, Fensterrahmen eingesetzt. Die Platten werden meist als Nut-und-Feder-Profile verarbeitet. Oft mit Mineralvlies- oder Aludeckschicht versehen. Geschlossene Zellstruktur, nimmt kein Wasser auf und ist luftundurchlässig. Druck- und biegefest, geringes Gewicht. Wärmeleitfähigkeit 0,024 bis 0,028 W/(mK).

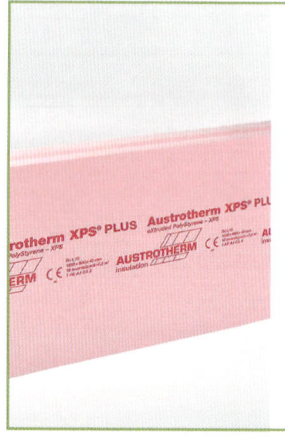

XPS

Organisches Material aus fossilen Stoffen. Durch Extrusion wird eine große Anzahl kleiner geschlossener Zellen geschaffen. Die Platten sind dadurch druckstabil und feuchteresistent. Als Perimeterdämmung für Fundament, Kellerwände oder Bodenplatte geeignet, aber auch an der Außenwand oder auf dem Flachdach. Wärmeleitfähigkeit: 0,032 bis 0,04 W/(mK).

Glaswolle

Zählt zu den Mineralwollen. Besteht aus Quarzsand, Soda, Kalkstein, es wird auch Altglas zugegeben. Wird zu Fasern verarbeitet und enthält Luft. Wird stark verdichtet zu Platten. Leicht zu montieren und vielseitig einsetzbar, ist jedoch nur gering druckfest. Diffusionsoffen, muss gegen eindringende Feuchtigkeit geschützt werden. Wärmeleitfähigkeit: 0,032 bis 0,045 W/(mK).

Steinwolle

Mineralische Grundstoffe wie Dolomit, Diabas, Basalt plus Recyclingmaterial wie Formsteine werden eingeschmolzen, mit Bindemittel versetzt und zu Fasern verarbeitet. Wird im Dach eingesetzt als Zwischen- oder Aufsparrendämmung, aber auch als Wärmedämmverbundsystem an der Fassade. Oder rund um die Haustechnik. Wärmeleitfähigkeit: 0,032 bis 0,045 W/(mK).

Blähglas

Altglas wird gemahlen und zu kleinen, glatten Kügelchen geformt. Dann wird das Material gebläht, so entstehen feine Luftporen im Inneren des Korns. Wird meist als Schüttung verarbeitet, denn es rieselt gut, kann leicht in Hohlräumen eingesetzt werden – etwa in Holzbalkendecken. Brennt nicht, kein Schimmel- oder Pilzbefall. Wärmeleitfähigkeit: 0,035 bis 0,06 W/(mK).

Holzwolle

Entrindetes und getrocknetes Laub- und Nadelholz wird zu Holzwollfäden verarbeitet und zu einem Vlies verfilzt. Platten entstehen durch Zugabe von mineralischen Bindemitteln. Holzwolle-Leichtbauplatten werden oft als Verbundplatte verwendet und zur Verbesserung der Dämmleistung mit einem Kern aus Mineralwolle oder EPS kombiniert. Wärmeleitfähigkeit: 0,08 bis 0,1 W/(mK).

Schafwolle

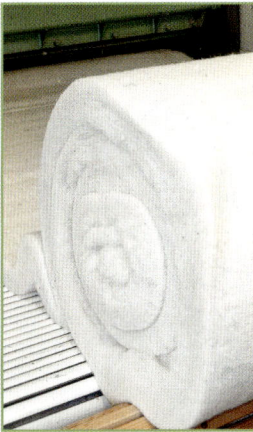

Gesäuberte Wolle wird zu Vlies verfilzt. Als Matten, Platten oder Stopfwolle erhältlich. Matten enthalten stabilisierende Stützfasern. Um Schädlinge abzuwehren, wird das Material zusätzlich behandelt, etwa mit Borsalzen. Kann bis 33 Prozent des Eigengewichts an Feuchte aufnehmen und wieder abgeben. Filtert Schadstoffe. Wärmeleitfähigkeit: 0,04 bis 0,045 W/(mK).

Flachs

Hergestellt aus Kurzfasern der Pflanzenstängel. Kartoffelstärke bindet, Borsalz macht resistent gegen Flammen. Die elastischen und doch formbeständigen Platten werden zwischen Sparren oder Holzständer geklemmt. Resistent gegen Schimmel, Fäulnis, Insektenbefall. Reguliert Feuchte, für diffusionsoffenen Bau. Wärmeleitfähigkeit: 0,038 bis 0,045 W/(mK).

Kork

Die Rinde der Korkeiche wird eingeritzt und abgezogen. Back-Kork: Durch Druck und hohe Temperaturen vergrößern sich die Zellen, austretendes Harz dient als Bindemittel. Platten setzt man als Aufsparrendämmung ein, Granulat als Zwischensparrendämmung – dieses kann auch aus Flaschenkorken hergestellt werden. Wärmeleitfähigkeit: 0,04 bis 0,06 W/(mK).

Zellulose

Besteht aus zerfasertem Altpapier. Borsalz oder Ammoniumphosphat machen resistent gegen Flammen. Wird in Hohlräume eingeblasen: als Außendämmung bei hinterlüfteten Fassaden oder Holzständerkonstruktionen. Um Platten herzustellen, werden die Flocken mit Bindemitteln und Stützfasern vermengt und mit Wasserdampf gepresst. Wärmeleitfähigkeit: 0,04 bis 0,045 W/(mK).

Energiehaus im Plus

Nimm drei: Erstens ein Gebäude mit geringen Wärmeverlusten und effizienter Haustechnik, zweitens sparsame Bewohner und drittens Solarzellen, die Strom im Überfluss erzeugen.

mmer den kompletten Organismus im Blickfeld haben, die gegenseitige Wirkung der Maßnahmen beachten, mit einfachen Mitteln möglichst viel erreichen, sich bewusst verhalten – und bei alledem gute Figur zeigen. Mit diesem ganzheitlichen Ansatz der Medizin lässt sich die Haltung der Christmanns und ihres Architekten Till Schaller am besten vergleichen.

Das Ergebnis: Ein preiswertes, praktisches und schönes Holzhaus mit hoher Wohnqualität und einer Energiebilanz von sagenhaften 152 Prozent.

Daniela und Peter Christmann lernten von Kindesbeinen an, sparsam zu wirtschaften. Beide schalten noch heute das Licht aus, wenn sie den Raum verlassen. Ihre fünfköpfige Familie verbraucht jährlich nur rund 4500 kWh – mit Betriebsenergie für Wärmepumpe, Lüftung und Kühlschrank. Zum Vergleich: Ein durchschnittlicher 5-Personen-Haushalt verbraucht in einem Einfamilienhaus jährlich rund 5000 kWh – aber ohne Warmwasserbereitung und Lüftungsanlage. Allein durch sparsame Haushaltsgeräte ließe sich viel sparen – wie es die Christ-

manns beweisen. Daniela erzählt: »Wir kauften effiziente Haushaltsgeräte. Standby-Betrieb haben wir nie toleriert. Im neuen Haus stellten wir komplett auf LEDs um.«

WUNSCHLISTE

Das Ehepaar wusste genau, was es wollte: ein Passivhaus, noch lieber eins auf Plusniveau. Und aus Holz sollte es sein, nachhaltig und gesund gebaut, außerdem so gestaltet, dass es sich bei Bedarf von drei Generationen nutzen lässt. Die Familie kaufte ein sonniges Eckgrundstück in Leutkirch im Allgäu, sammelte Informationen und suchte dann einen spezialisierten Architekten. Peter Christmann besuchte die Stuttgarter Solarmesse, wo er den Stand des Planer-Netzwerks Green X entdeckte. Er sprach mit Till Schaller vom Büro schaller + sternagel.

UMSETZUNG

Schon der erste Vorentwurf passte. Schaller richtete das Gebäude exakt nach Süden aus und stellte es ohne Keller auf eine gut gedämmte Bodenplatte. Die mit Holzfaser gedämmten Wände und das Dach wurden luftdicht ausgeführt, denn im Passivhaus wirkt sich jede Unachtsamkeit extrem aus. Planer Till Schaller, der Leutkircher Bauleiter Achim Dangel und Zimmerermeister Matthias Jarde von Jarde Holzbau in Gestratz sind alle Passivhaus-zertifiziert. Bei so viel Sachverstand muss man nicht lange diskutieren – jeder weiß genau, worauf es ankommt.

Links: Der Kraftquell wurde energetisch bis ins kleinste Detail optimiert. Die Photovoltaikanlage sitzt auf dem optimal geneigten Süddach, zwei Fassadenflächen mit je zwei großen Kollektoren sammeln Solarwärme.

Unten: Es dauerte nur zwei Tage, bis der vorgefertigte Holzrohbau auf der Bodenplatte stand und die Handwerker mit der Dachabdichtung beginnen konnten.

WOHNEN Drei Energiesammler decken den Bedarf: Sole in Rohrkörben nimmt die laue Erdwärme auf, die elektrische Wärmepumpe bringt diese auf Heizniveau. Kollektoren in der Südfassade nutzen die Sonnenwärme, der Überschuss wird im 1000-Liter-Speicher gehortet. Neunundreißig Solarmodule auf dem Dach erzeugen Strom: im ersten Jahr satte 11.226 kWh. Davon nutzte Familie Christmann 1580 kWh selbst und speiste 9646 kWh ins Netz. Aus dem Netz zog sie 2879 kWh, verbrauchte also insgesamt 4459 kWh. Einspeisung minus Netzbezug ergibt 6767 kWh Stromüberschuss, somit 152 Prozent des Verbrauchs. Ein Spitzenwert – alles richtig gemacht!

Links: Obergeschoss: Treppenpodest und Flur ergeben eine gemeinsame Spielfläche vor den drei Kinderzimmern. Auch hier dient robustes und günstiges Industrieparkett als Bodenbelag.

Links unten: Maßhalten: Wo nötig, investierte Familie Christmann, beispielsweise in die aufwendig gedämmte Glasecke, die achtmal in der Fassade auftaucht. Ansonsten wurde gespart.

Unten: Die Garage dockt am Ostgiebel an, das kleine, nordseitige Pultdach stemmt sich gegen das größere Süddach. Ziegel geben der Kräuterspirale (im Vordergrund) die Form und speichern Wärme.

»Bei schönem Wetter hänge ich die Wäsche draußen auf, sie riecht dann auch besser. Im Winter, wenn die Raumluft trocken ist, mache ich das drinnen. Gesund für uns – und die Holzbalken bekommen keine Risse.«

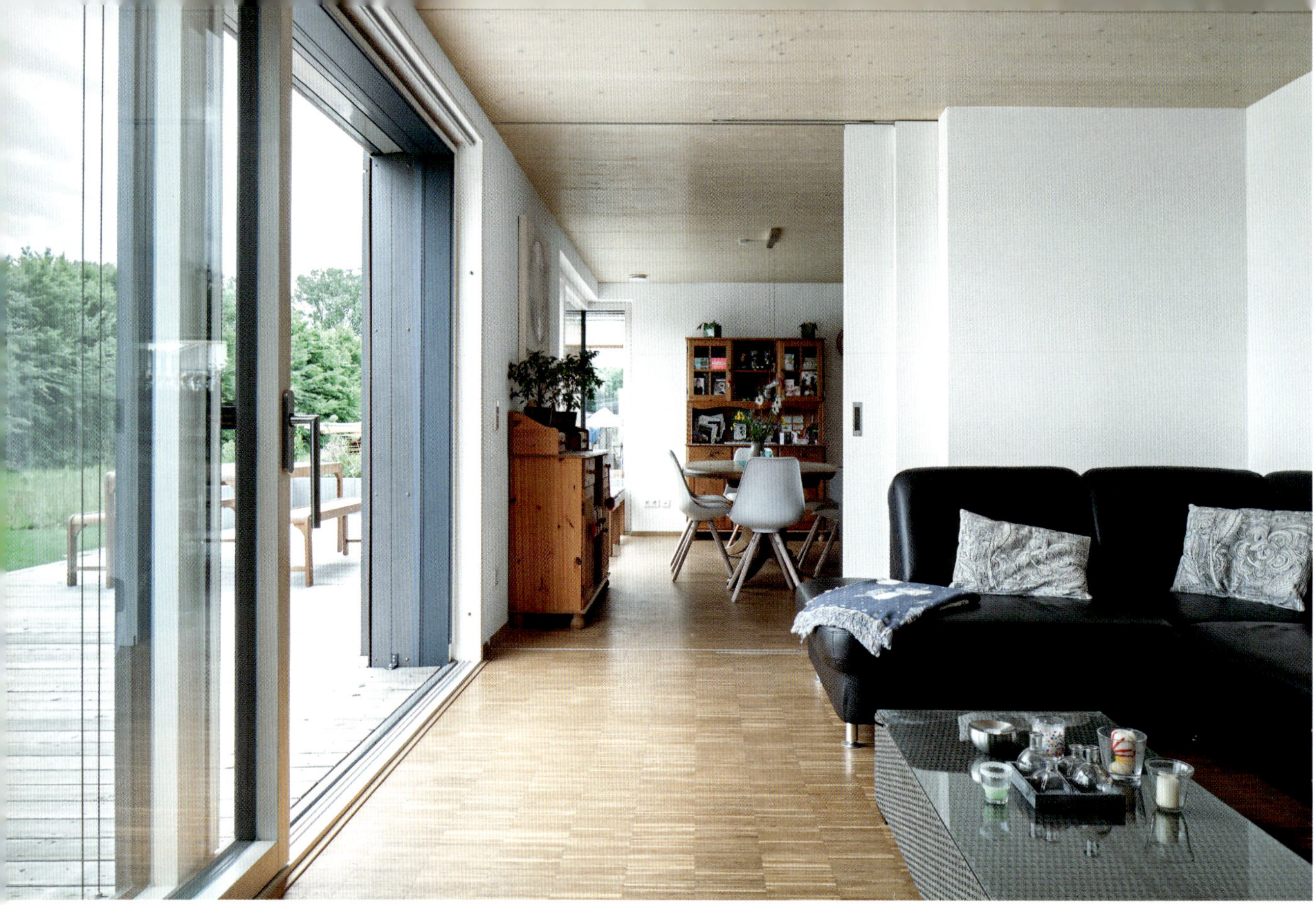

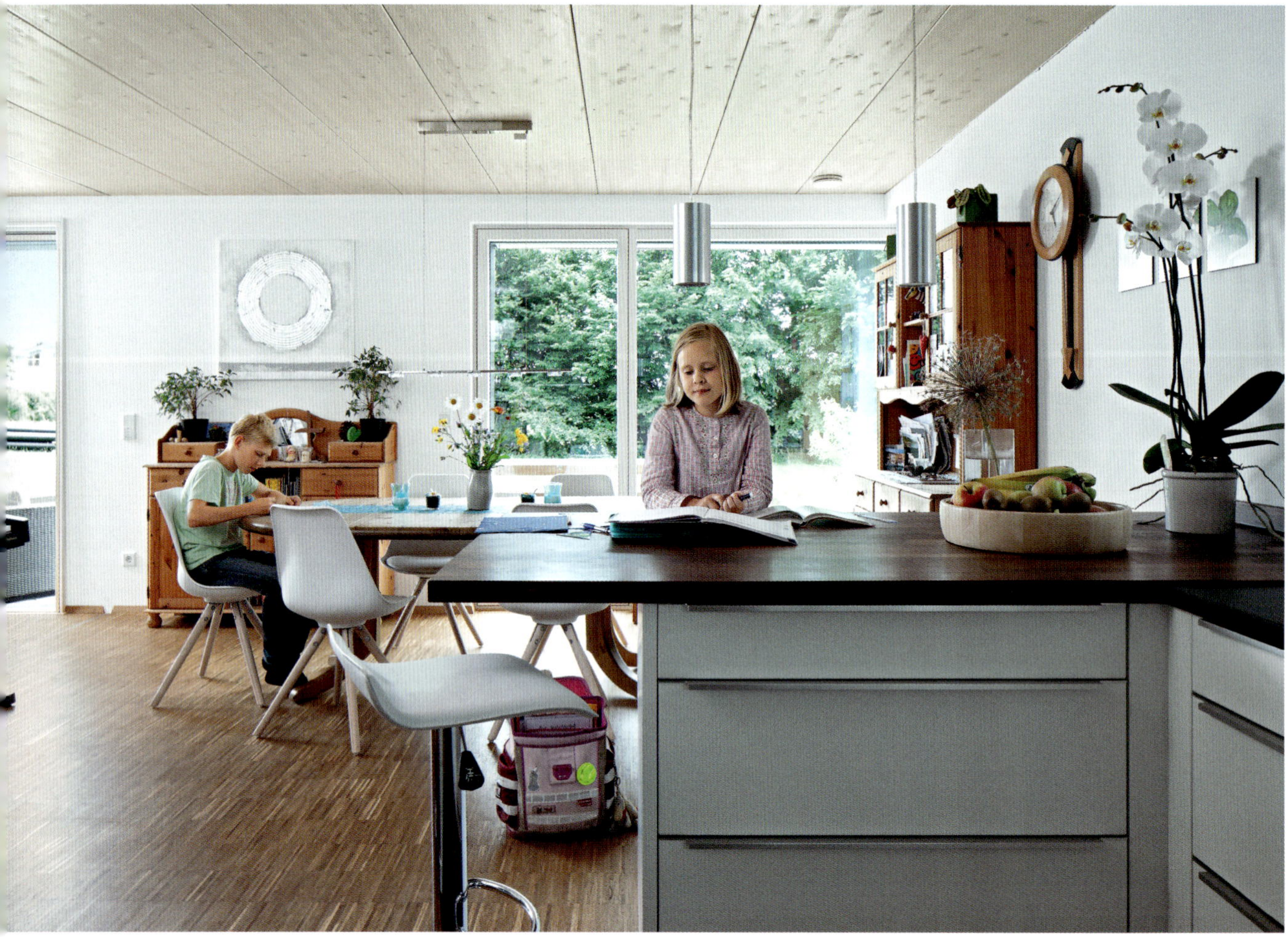

Links: Vorsorge: Schwellenlose Übergänge erleichtern allen das Wohnen. Das Gebäude kann ohne große Änderungen als Dreigenerationenhaus genutzt werden.

Links unten: Schön, wenn man die Wahl hat: Hausaufgaben im Familienraum oder im eigenen Zimmer erledigen; Mama oder Papa können beim Kochen nebenbei Tipps geben.

Rechts: Die Straßenfront schirmt kalten Nordwind ab, wie auch der Vordachrahmen um die Haustür. Die Fenster sind relativ klein; das schmale Pultdach wirkt wie ein Spoiler.

DATEN & FAKTEN

Grundstücksgröße: 527 m²
Beheizte Wohnfläche: 263 m²
Zusätzliche Nutzfläche: 18 m² (Anbau/Kellerersatz) + Carport
Bewohner: 5
Haustechnik: Sole-Erdreich-Wärmepumpe mit integrierter Lüftungsanlage und Wärmerecycling, Fußbodenheizung, fassadenintegrierte Kollektoren (24 m²); 39 Photovoltaikmodule, (10.14 kWp)
Heizwärmebedarf: 12 kWh/(m²a)
Reine Baukosten: 1820 Euro je m² Wohn- und Nutzfläche (hochgerechnet für 2017)

Planung:
schaller + sternagel architekten
Zum Eichelrain 3
78476 Allensbach
www.schaller-sternagel.de
Mitarbeit:
Sigrun Bundschuh; Jan Heider

FLEXIBEL

Das Erdgeschoss lässt sich – ohne umzubauen – als separate Wohnung nutzen. Die obere Etage kann man leicht in zwei eigenständige Zweizimmerwohnungen aufteilen: zwei Türen, eine kurze Trennwand im Flur montieren und eine Miniküche einbauen.

ÖKOLOGISCH

Die Photovoltaikanlage sitzt aufgeständert über den Dachsteinen. Es hätte den Kostenrahmen gesprengt, die Module ins Dach zu integrieren. Im Schuppen, der den Carport zum Garten abriegelt, ist Platz vorgesehen für einen Stromspeicher. Dieser war dem Paar – noch – zu teuer.

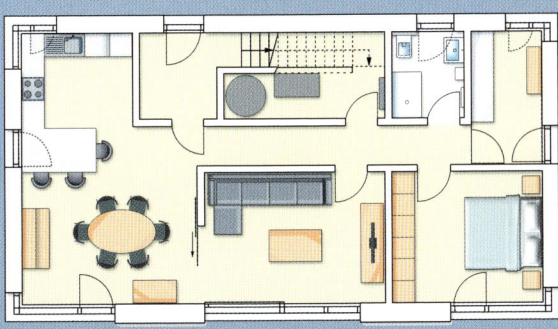

Erdgeschoss

Obergeschoss

Kraftwerk Haus

Wie sieht ein Haus aus, dessen Bauherr sich über 30 Jahre mit rationeller Energienutzung, Gebäudetechnik und Bauphysik befasst? Professor Norbert Fisch hat schon 1984 in seiner Doktorarbeit den Nutzen von Solarenergie in Wohngebäuden untersucht. Nun packte er all seine Erfahrung in einen Neubau und nutzt diesen als Live-Labor.

Das Hanghaus im schwäbischen Warmbronn ist das Ergebnis intensiver Zusammenarbeit zwischen einem Energiedesigner und seinem Architekten. Dass es ein leistungsfähiges Kraftwerk mit Tankstelle ist, wird nur aus der Vogelperspektive klar. Dass es ein elegantes Wohlfühlhaus ist, sieht man sofort. Dafür ist das Architekturbüro Berschneider + Berschneider bekannt. Der Familienraum mit Panoramaaussicht liegt im Obergeschoss – da möchte man sitzen. Bei praller Sonne fahren automatisch Raffstores außen vor die südseitige Glasfassade – so besteht keine Überhitzungsgefahr. Neu entwickelte Lamellen sortieren mit ihrer Selektivbeschichtung die Sonnenstrahlen, lenken sichtbare Lichtstrahlen nach drinnen, absorbieren die unsichtbaren UV- sowie die kurzwelligen Infrarot-Strahlen und reflektieren sie als Wärmestrahlen.

PHOTOVOLTAIK

Nur von oben fällt die große Solaranlage auf, die nahezu das ganze Pultdach bedeckt. Neunzig hinterlüftet montierte polykristalline Module leisten 15.300 W_p. Sie ernten pro Jahr um die 16.000 kWh, in strahlungsarmen Jahren etwa 2000 kWh weniger. Die Gebäudeleittechnik erfasst und dokumentiert alles: Außentemperatur, Luftfeuchte und Raumtemperatur, welche Haushaltsgeräte gerade arbeiten, ob die Lüftungsanlage oder die Wärmepumpe Strom ziehen und wie viel Strom die Solarzellen gerade liefern. Diese Daten gelangen über eine LAN-Schnittstelle ins hauseigene Ethernet-Netzwerk. Die Bewohner können über den PC, das Touch-Panel im Wohnzimmer oder einen handlichen Minicomputer (Handheld) überall im Haus die aktuelle Energie-Performance ablesen und steuern. Manuelles Bedienen bleibt jedoch immer möglich.

FAMILIENTEAM

Welcher Mieter lässt Handwerker und Spezialisten immer wieder herein, die die Technik mal justieren oder auch ändern? Die Forscher des Instituts für Gebäude- und Solartechnik (IGS) der TU Braunschweig und dessen Leiter Prof. Dr. Fisch wollen herausfinden, wie Haustechnik effizienter funktionieren kann und der selbstgenutzte Teil an der Stromernte zu vergrößern wäre. Norbert Fisch fand die idealen Mieter in seiner Tochter Tanja und ihrem Mann, die mit zwei Töchtern ins neue Haus eingezogen sind. Tanja führt immer wieder Interessierte durch ihr Heim und erklärt, wie produktiv das Gebäude funktioniert, wie angenehm ihre Familie darin wohnt. Spezialisten aus aller Welt kommen, wollen es sehen und davon lernen. Die junge Familie lebt gern im Haus, genießt den Komfort und hat Freude am Energiesparen.

Ganz links: Die Dreifachverglasung öffnet das Obergeschoss nahezu hausbreit zur Sonne. Dessen Überstand spendet der Gartenetage Schatten. Unten reihen sich Gäste- und Kinderzimmer. Die rote Eingangstür begrüßt Besucher freundlich.

Links: Von oben erkennt man die 120 Quadratmeter große Photovoltaikanlage. Sie sitzt hinterlüftet auf dem robusten Dach aus Edelstahl und erzeugt Stromüberschuss: Damit kann ein Elektroauto etwa 24.000 Kilometer fahren.

Links: Die Nordseite zeigt mehr Wand als Fenster. Die hochkante Festverglasung taucht die Treppe in Licht. Der Hang stuft sich elegant um die Öffnungen: so gewann man einen schönen Ausblick und sparte Erdarbeiten.

Unten: Die Glasfassade bietet einen Panoramablick auf den 517 Meter hohen Warmbronner Kopf vis-à-vis. Die Technik dient dezent, ohne die Optik oder den Tagesablauf zu dominieren: Dieses Haus ist komfortabel, schön und sparsam.

> *»Die Bewohner des Laborhauses sind sehr zufrieden – wir Wissenschaftler noch nicht. Beispielsweise wollen wir die Eigenstromnutzung erhöhen und das persönliche Komfortbefinden genauer erfassen.«*

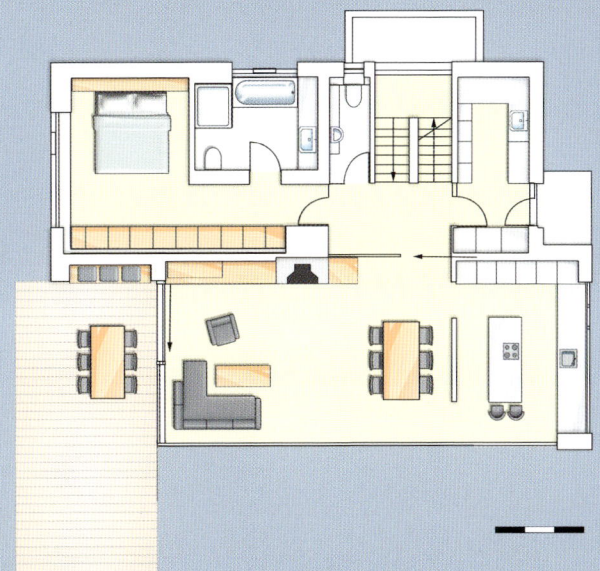

Wohngeschoss

DATEN & FAKTEN
Grundstücksgröße: 876 m²
Wohnfläche: 267 m²
Zusätzliche Nutzfläche: 153 m²
Bewohner: 4
Energiekonzept: Wärmepumpe mit drei Erdsonden (je 100 Meter tief), Lüftungsanlage mit Wärmerückgewinnung, Solarstromanlage (16.000 kWh/a), Computer und hauseigenes Ethernet-Netzwerk (Überwachung und Steuerung)
Reine Baukosten: 2482 Euro pro m² Wohn- und Nutzfläche (hochgerechnet für 2017)

Planung:
Berschneider + Berschneider
Architekten BDA
+ Innenarchitekten BDIA
Hauptstraße 12
92367 Pilsach
www.berschneider.com

Energie-Design:
Prof. Dr.-Ing. Norbert Fisch
EGS-plan
Gropiusplatz 10
70563 Stuttgart
www.egs-plan.de

Monitoring:
Institut für Gebäude- und Solartechnik IGS
Mühlenpfordtstraße 23
38106 Braunschweig
www.tu-braunschweig.de/igs

KOMFORTLÜFTUNG

Um den Plus-Energie-Status zu erreichen, wäre die dreistufige Lüftungsanlage mit 85 Prozent Wärmerückgewinnung nicht nötig gewesen, fürs Wohlbefinden aber schon. Die Außenluft streicht durch ein 80 Meter langes, antibakteriell beschichtetes Erdrohr, erwärmt sich dabei um 5 bis 10 Grad, wird im Lüftungsgerät gefiltert und strömt durch Bodenauslässe in die Wohnräume.

MATERIALWAHL

Der Bauherr legte besonderen Wert auf umweltfreundliche, gesunde Baustoffe: Eichenholz, Travertin, Gipsfaserplatten, behandelt mit einer Grundierung, die Schadstoffe und Gerüche neutralisiert.

Weißer Quader

Tina und Andreas Schumacher planten ihr pures Sparhaus mit viel Raum für ihre Familie und zwei Büros. Später lässt es sich leicht in zwei Wohnungen aufteilen. Power kommt im Überfluss von der Solarstromanlage. Die Heizwärme wird tief aus der Erde geholt und aus der warmen Lüftungsluft recycelt, um die Umwelt zu schonen.

Es musste ein Plus-Energie-Haus sein. Und günstig dazu. Architekt Andreas Schumacher wollte seinen Bauherren zeigen können, wie so etwas aussehen kann; wie man es baut und wie gut es sich darin wohnen lässt.

TECHNIK Die Schumachers entschieden sich für ein sonniges Grundstück am Ortsrand von Tettnang, einer Kleinstadt nicht weit vom Bodensee. Sie schoben einen zweistöckigen Quaderbau nah zur Straße: Eine Hausecke zeigt genau nach Norden und die andere vis-à-vis nach Süden. Optimal, um die Doppelmodule der Photovoltaikanlage auf dem Flachdach zu montieren und jeweils genau nach Osten und Westen auszurichten. Dies hat zwei Vorteile: Die Sonne scheint täglich viel länger auf die Module. So ergibt sich eine höhere Stromernte: etwa satte 14.000 kWh pro Jahr. Zum anderen wären Module nach Süden viel steiler und

Links: Detailplanung: Hinter der abgehängten Decke verschwinden Installationsnetze; hier stecken Einbauleuchten, Fensterrahmen, außen die Jalousie-Stapel und die dickere Dämmung der Loggia.

Unten: Südost-Ansicht mit der hochgedämmten Fensterfassade. Einer der Essplätze befindet sich geschützt in der Südloggia. Rechts schaut der Anbau der Garage um die Ecke.

höher ausgefallen. So jedoch konnte der Planer die Anlage hinter dem Rand des Flachdachs verstecken, der einfach die Außenwand erhöht. Das sieht elegant aus, durfte aber aus optischen Gründen auch nicht zu hoch ausfallen. Der Strom wird in einem Lithium-Ionen-Akku gespeichert. Heute ist es wirtschaftlicher, möglichst viel vom selbst erzeugten Strom auch selbst zu verbrauchen. Solarstrom treibt die Elektro-Wärmepumpe an, die über zwei Sonden Erdwärme aus 100 Metern Tiefe heraufholt, auf nutzbares Niveau bringt und in einem 840-Liter-Speicher hortet; dieser temperiert auch das Trinkwasser. Die Heizwärme verteilt sich über Rohrschlangen im Fußboden. Das System kann im Sommer auch kühlen. Als die Schumachers wieder etwas Geld beisammen hatten, kauften sie ein Elektroauto. Damit stieg der selbst genutzte Stromanteil auf rund 70 Prozent.

GEBÄUDE Der Quader ist kompakt und gut gedämmt, sodass er nur wenig Wärme verliert. Eine Doppelgarage, die schmal vor die Nordostfassade knickt, puffert die Nordecke. Dort entstand ein langer Lagerraum für Werkzeug und Gartenmöbel – eben alles, was man sonst im Keller deponiert. Den sparten sich Tina und Andreas Schumacher und kauften dafür lieber die Photovoltaikanlage.

KONZEPT Ein Wandschrank macht die Eingangshalle zum Stauraum. Entlang der einläufigen Treppe wollen Schumachers einst eine transluzente Trennwand montieren und so das Obergeschoss als separate Wohnung abtrennen. Jetzt sind dort drei Schlafräume, zwei Büros, der Hauswirtschafts- und Lagerraum plus eine Wellnesszone mit Bad und Sauna untergebracht. Tina erzählt: »Von der Wanne schaut man durchs große Fenster zum Wäldchen und daneben ins Ried, kann Vögel und Rehe beobachten. Wir sind froh, beim Bauen unseren Teil zum Umweltschutz geleistet zu haben.«

Rechts oben: Wellnessbad mit großer Dusche hinter der Waschbeckenwand und einer Sauna. Das Hightechglas des Fensters dämmt so gut, dass man sich mit dem Rücken an die Scheibe lehnen kann – noch bei minus 15 Grad draußen.

Unten: Vorbei an der massiven Müllbox mit flankierenden Brennholzstapeln gelangen Besucher zur Haustürnische neben der Doppelgarage. Eine breite Zufahrt und die fast geschlossene Fassade schotten ab zum Mehrfamilienhaus daneben.

Rechts Mitte: Stufen und Wände aus Sichtbeton, die Aluminiumfenster und Eichenholzdielen sind günstig und robust. Die Treppe befindet sich gleich neben der Haustür.

Unten: Die Eltern, beide selbstständig tätig, wollten ein gut organisiertes und pflegeleichtes Haus, um möglichst viel Zeit mit den Söhnen Lorenz (5) und Maximilian (8) verbringen zu können.

UMWELTENERGIE NUTZEN

Die drei wichtigsten Grundsätze des Baupaares: Ressourcen schonen, nachhaltig bauen und Strom im Überfluss erzeugen. Es wählte langlebige und pflegeleichte Materialien wie Eichenholz, Glas und Sichtbeton. Denn Putzmittelchemie kann die Umwelt über Jahrzehnte belasten. Die Alufenster erforderten beim Herstellen zwar viel Energie, müssen aber nie abgebeizt und neu gestrichen werden. Die Familie nutzt Erde, Luft und Sonne, um dezentral Energie zu gewinnen.

DATEN & FAKTEN

Grundstücksgröße: 800 m²
Wohnfläche: 230 m² (aufteilbar in zwei Wohnungen)
Zusätzliche Nutzfläche: 70 m²
Bewohner: 4
Bauweise: massiv, Sichtbeton, teils verputzt
Haustechnik: Sole-Wasser-Wärmepumpe, Fußbodenheizung, Lüftungsanlage mit Wärmerecycling
Ökomaßnahmen: Geothermie, Photovoltaik 135 m², Elektroauto
Reine Baukosten: 1656 Euro je m² Wohnfläche ohne Nutzfläche (hochgerechnet für 2017)

Planung:
architektS
Architekturbüro Andreas Schumacher
Graf-Eberhard-Straße 14
88069 Tettnang
www.schumacher-architekt.com

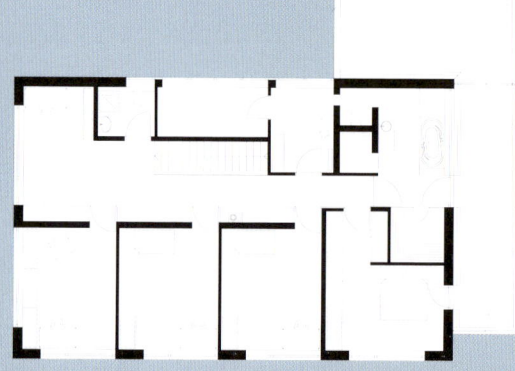

Obergeschoss

0 1 2 3m

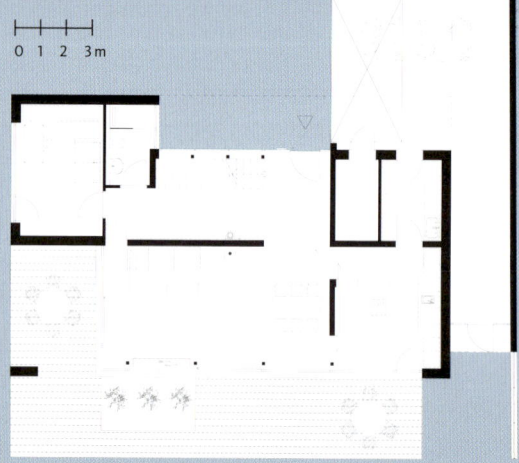

Erdgeschoss

»Was man jeden Tag in die Hand nimmt, das muss schön sein – beispielsweise Armaturen oder die Haustür.«

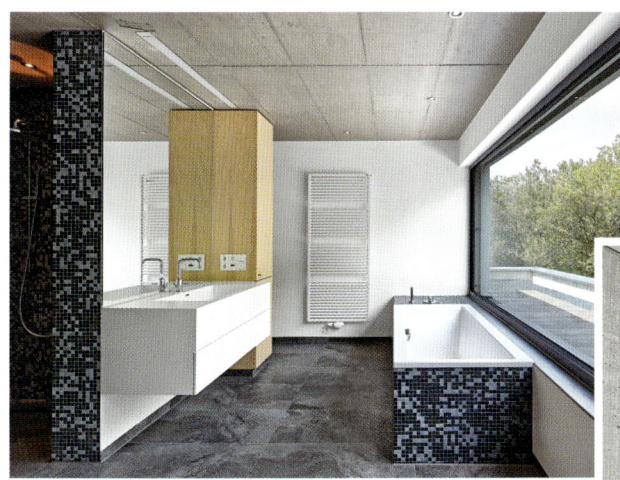

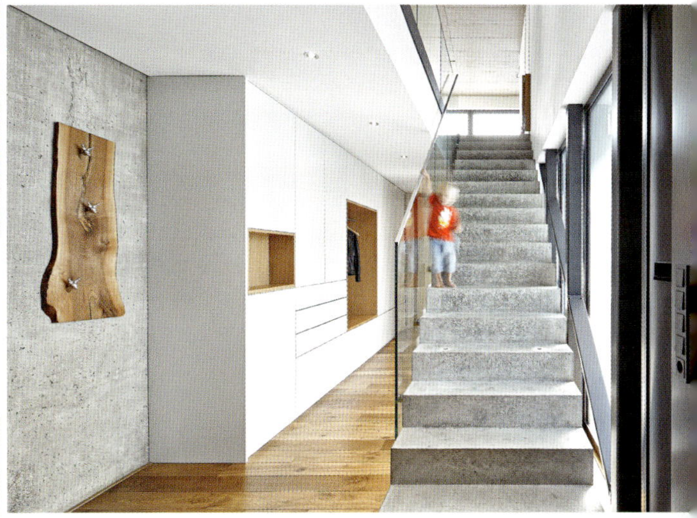

Unten: Eine Betonwand trennt Essplatz und Küche. Sie trägt die Decke und stärkt der Sitzbank am Küchentresen den Rücken. Links und rechts parken zwei Schiebetüren in Mauertaschen.

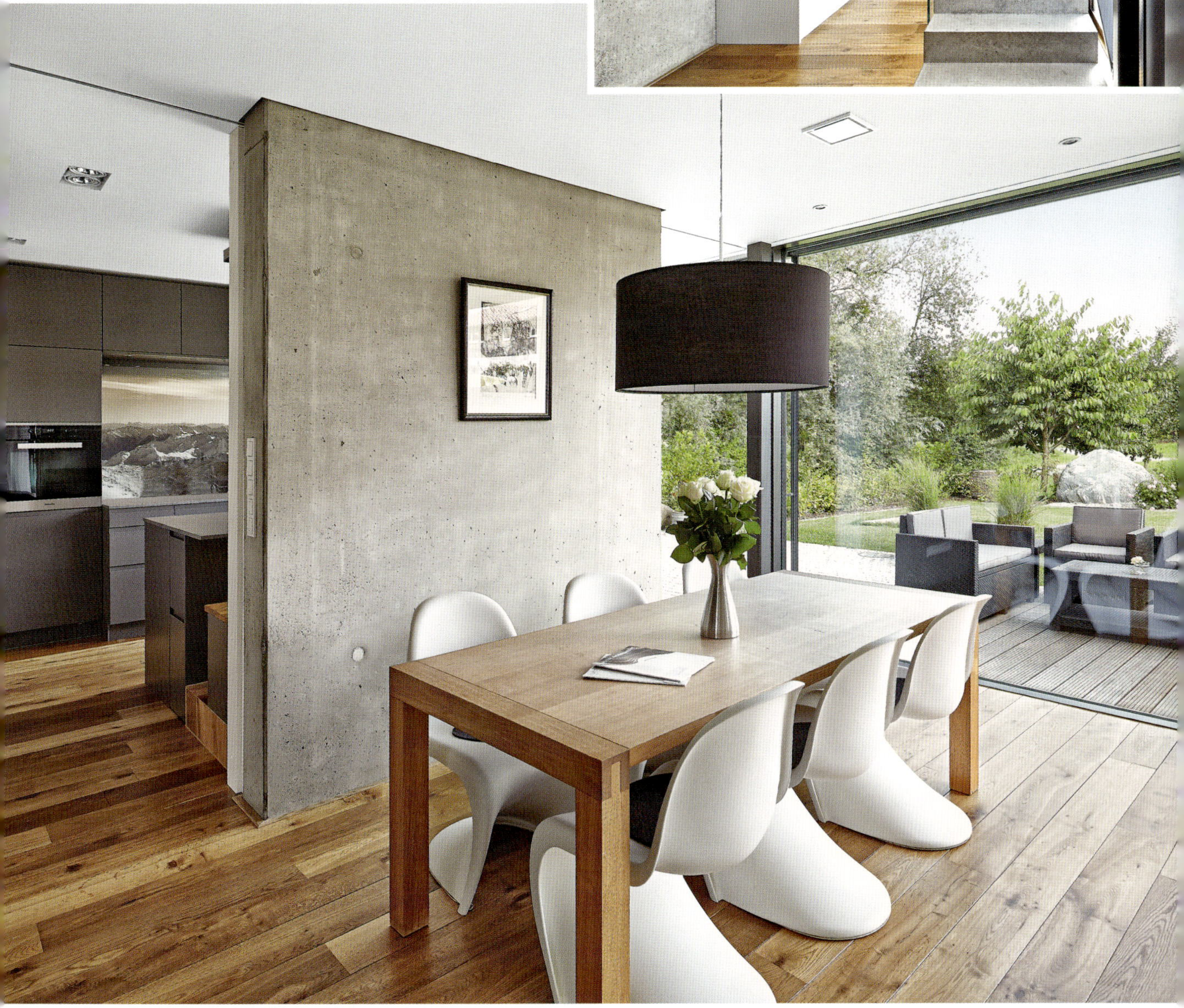

Materialien für den Innenraum

Boden, Wand, Decke – der ausgewählte Belag verleiht den Räumen die Grundstimmung. Holzoptik schenkt Wärme, helle Farben nehmen sich zurück und stellen die Möbel in den Mittelpunkt, einzelne bunte Akzente machen frisch.

Boden

Die Wahl des Bodenbelags will gut überlegt sein – denn nicht jedes Material eignet sich für jeden Raum. Den Flur betritt man mit Straßenschuhen, bringt Nässe, Schmutz und kleine Steinchen mit herein. Hier sollte man eher auf Strapazierfähigkeit und einfache Reinigung achten. Im Kinderzimmer ist der Nachwuchs oft ohne Schuhe unterwegs, ein fußwarmer und rutschsicherer Belag ist hier ideal.

HOLZ Holz ist schön und langlebig, warm und weich, reguliert das Raumklima und erzeugt ein behagliches Wohngefühl. Achten Sie auf den Härtegrad: Je höher der angegebene Zahlenwert, desto härter und strapazierfähiger ist das Holz. Dielen sind massive Bretter aus Nadel- oder Laubholz. Sie sind in verschiedenen Längen erhältlich – sogar über 10 Meter lang. Verlegt werden sie auf einer stabilen Unterkonstruktion, meist mit einer Nut-und-Feder-Verbindung. Massiv- oder Einschichtparkett verklebt der Bodenleger auf Estrich oder nagelt es auf Blindböden. Wenn Kratzer stören, kann man es abschleifen, das nimmt etwa 0,7 Millimeter der Oberfläche weg. Eine Versiegelung aus Wachs oder Öl schützt, sie sollte etwa alle zwei Jahre erneuert werden. Mehrschicht- oder Fertigparkett mit fertig behandelter Oberfläche verlegt man meist »schwimmend«. Es passt auf alle trockenen Untergründe. Die Qualität richtet sich nach der Dicke der Nutzschicht.

LAMINAT Es besteht aus einer Trägerplatte, meist HDF (High Density Fibre oder hochverdichtete Faserplatte) oder Spanplatte. Darauf liegt imprägniertes, gemustertes Papier als Dekorschicht. Hier ist fast alles möglich: Holz, Flie-

Links: Eichenparkett muss nicht einheitlich aussehen. Es gibt viele Farbnuancen. Schön: Der Bodenbelag geht in die Treppe über und schafft damit einen einheitlichen Look.

sen, Stein, Farbe, sogar ein Fußballfeld können abgebildet werden. Ein durchsichtiges Overlay-Papier schützt die Dekorschicht. Je schwerer dieses Papier, desto härter und abriebfester ist der Belag. Eine Garantie gegen Kratzer gibt es jedoch nicht. Laminat kann man nicht abschleifen und auch tiefe Schrammen nicht ausbessern. Anhand der Abrieb- und Beanspruchungsklassen kann man entscheiden, in welchen Raum Laminat passt.

FLIESEN Sie bleichen nicht aus, sind widerstandsfähig, leicht zu reinigen, langlebig und kratzfest. Deswegen wird die Keramik bevorzugt in Bad oder Küche verlegt. Außerdem eignen sich Fliesen sehr gut für die Kombination mit einer Fußbodenheizung, denn sie geben die Wärme schnell weiter. Keramik besteht hauptsächlich aus gebranntem Ton, dazu mischt man Kaolin, Quarz, Feldspat und mineralische Zusätze. Steingut verwendet man meist als Wandbelag. Auf dem Boden kommt meist Steinzeug zum Einsatz, es ist unempfindlich gegen Flecken – sogar

Oben: Sieht aus wie lange Landhausdielen aus Holz, ist aber Laminat. Mit einer speziellen Trittschalldämmung versehen, dämpft es jeden Schritt.

Links: Die beiden Grautöne harmonieren miteinander, die schwungvolle Verlegeart lockert die Strenge der Farbe spielerisch auf.

Bodenbeläge sollten zur Einrichtung passen, belastbar und strapazierfähig sein.

Links: Fliesen aus Zementmosaik zierten bereits im 19. Jahrhundert Eingänge und Küchen von Gründerzeithäusern. Sie werden bedruckt und bemalt, auch individuell.

Rechts: Schiefer ist ein Naturmaterial. Jede Fliese ist ein Unikat, kleine Details und Unterschiede sorgen für Spannung und Lebendigkeit.

unglasiert. Feinsteinzeug nennt man Fliesen mit extra dicht gepresster Oberfläche, sie nehmen weniger als 0,5 Prozent Wasser auf. Eine glänzende oder matte Glasdecke macht die Fliesenoberfläche wasserfest und gibt ihr Farbe und Muster – das nennt man Glasur. Abriebklassen informieren über die Verschleißfestigkeit.

TEPPICH Naturfasern wie Seegras, Kokos, Sisal, Schurwolle oder Ziegenhaar nehmen überschüssige Feuchtigkeit aus der Raumluft auf, ohne sich feucht anzufühlen. Der Fettgehalt tierischer Fasern schützt diese vor Schmutz, Pflanzenfasern sind strapazierfähig und reißfest. Synthetische Teppichböden werden aus Erdöl hergestellt. Sie sind antistatisch ausgerüstet, damit sie sich nicht aufladen und weniger Schmutz anziehen. Synthetische Fasern nehmen wenig Feuchtigkeit auf. Auslegeware wird auf die Raumgröße zugeschnitten und oft mit Spezialkle-

ber oder doppelseitigem Klebeband auf dem Untergrund befestigt. Man kann sie auch vollflächig verkleben oder nur an den Rändern befestigen. Teppichfliesen sind meist selbstliegend. Das bedeutet, durch die Beschichtung auf der Rückseite und das hohe Eigengewicht liegen sie stabil und müssen meist nicht zusätzlich verklebt werden. Kurzflorteppiche lassen sich leicht pflegen, der Flor bleibt unter 1,5 Zentimetern. Hochflorteppiche besitzen bis 5 Zentimeter hohen Flor.

NATURSTEIN Granit ist druckfest und daher belastbar, beständig gegen Wasser und Witterung. Er kommt in verschiedenen Färbungen und Mustern vor, von hellem Grau über bläuliche, rötliche und gelbliche Töne. Marmor hat eine poröse Struktur, er ist daher gut zu bearbeiten. Er zeigt viele Farbnuancen, was die Auswahl manchmal etwas schwierig macht. Polierter Marmor glänzt schön, durch starke Beanspruchung kann er jedoch matt werden. Unversiegelter Marmor ist säureempfindlich,

also keine Essigreiniger einsetzen. Auch verschütteter Wein kann ihm zusetzen. Travertin ist ein Kalkstein mit vielen Poren und Hohlräumen, er leitet daher Wärme gut weiter. Das Material ist hart und unempfindlich gegen Kratzer und Schmutz, reagiert ebenfalls empfindlich auf säurehaltige Flüssigkeiten. Imprägnieren schützt. Sandstein ist ein Sedimentgestein, manchmal entdeckt man kleine fossile Einschlüsse. Die Textur kann stark variieren. Geschliffen ist er rutschhemmend. Schiefer entstand vor gut 400 Millionen Jahren aus der Ablagerung von Ton-Schlamm-Massen. Die Steine sind schwer, mittlerweise gibt es automatisiert bearbeitete Steine, das macht das Naturmaterial preiswerter.

ELASTISCHE BELÄGE Es gibt sie in beinahe jeder Farbe und Optik. Die glatte Oberfläche macht sie robust und vereinfacht das Reinigen. PVC wird chemisch hergestellt, ist langlebig, kostengünstig und kann recycelt werden.

Es ist wasserabweisend und schalldämmend, erzeugt wenig Trittgeräusche. Das Material kann sehr dünn verlegt werden. Es ist aber auch empfindlich gegen Kratzer und Unebenheiten des Untergrunds zeichnen sich schnell ab. Linoleum ist widerstandsfähig, elastisch und nimmt auch nach starker Belastung seine Ursprungsform wieder an. Allerdings kann das Material bei Nässe aufquellen, ist also für Feuchträume nicht geeignet. Vinyl besitzt eine elastische Oberfläche. Darauf können natürliche Strukturen tief eingeprägt werden, etwa eine Holzstruktur. Der Belag ist lärm- und rutschhemmend und angenehm fußwarm. Kleine Steinchen sollte man aufsaugen oder wegkehren, sonst können Kratzer entstehen.

KORK Ist ein beliebtes Naturmaterial, das aus der Rinde der Korkeiche gefertigt wird. Meist verwendet man massive Fliesen, die vollflächig verklebt werden. Es gibt auch Korkparkett,

Unten: Sichtestrich ist unempfindlich gegen Feuchte und passt daher gut ins Bad. Schön: Es gibt keine Fugen, da das Material in einem Guss verarbeitet wird.

Oben: Elastisches Vinyl federt Schritte. Man kann die unterschiedlichsten Muster und Strukturen aufdrucken – und so auf die Möbel abstimmen.

das mit Nut und Feder ineinander geklickt, also schwimmend verlegt wird. Korrekt versiegelt kann man ihn auch im Badezimmer einsetzen. Das Material ist fußwarm und wärmedämmend. Kork ist belastbar, es entstehen nicht so schnell Macken oder Kratzer. Seine Elastizität macht ihn angenehm zu begehen, schont Gelenke und Rücken. Durch Digitaldruck sind inzwischen viele Oberflächendekore möglich – von Holz bis Beton.

SICHTESTRICH Wird schon lange nicht mehr nur als Unterboden verarbeitet. Das Material wird gegossen, sodass sich auch große Flächen ohne Fugen verarbeiten lassen. Er ist strapazierfähig, pflegeleicht und in vielen verschiedenen Farben erhältlich. Die Oberfläche muss abgeschliffen, poliert und beschichtet werden. Man unterscheidet fünf Grundtypen: Calciumsulfat-Estrich, Gussasphalt-Estrich, Kunstharz-Estrich, Magnesia-Estrich und Zement-Estrich.

Wand und Decke

Decke und Wände haben mehr als dreimal so viel Fläche wie der Boden. Material und Farbe beeinflussen die Atmosphäre im Raum. Die Oberflächen sollten je nach Raumart ausgewählt werden. Pflegeleicht und feuchteresistent in Bad und Küche, beruhigend im Schlafzimmer, farbenfroh und strapazierfähig im Kinderzimmer – wenn die Kleinen mal wieder mit den Stiften hantieren.

PUTZ Mit Gipsputz gelingt eine feine und glatte Wandgestaltung. Er eignet sich für alle Räume. Er trocknet schnell ab und eignet sich gut als Untergrund für Tapeten. Kalkputz ist ein mineralischer Putz, darauf wächst kein Schimmel. Er reguliert die Feuchtigkeit und absorbiert Schadstoffe aus der Luft. Kalkzementputz wird am häufigsten eingesetzt. Er vereint die Langlebigkeit von Zement mit der einfachen Verarbeitung von Kalk und eignet sich für alle Räume. Lehmputz speichert Feuchtigkeit und gibt sie wieder ab und erzeugt ein angenehmes und gesundes Raumklima. Er bindet Schadstoffe und speichert Wärme, braucht jedoch mehrere Wochen zum Trocknen. Designspachtelmassen bestehen meist aus Kalkzement- oder Kalkmarmorputz. Wenn man sie nach dem Auftragen wasserfest versiegelt, eignen sie sich für Küche und Bad.

FARBE Sie kann die Stimmung beeinflussen. Im Schlafzimmer empfehlen sich deshalb kühle, beruhigende Farbtöne wie Blau. In der Küche oder im Essbereich regen Orangetöne den Appetit an. Helle Farben lassen Räume größer wirken, dunkle Farben machen optisch kleiner. Innenfarben bestehen aus Bindemitteln, Verdünnungsmitteln, Farbpigmenten und meist auch Zusatzstoffen. Grundsätzlich unterscheidet man zwischen Dispersionsfarben und mineralischen Farben.

TAPETE Papiertapeten werden meist auf Recyclingpapier hergestellt, sind atmungsaktiv und regulieren die Luftfeuchte. Vliestapeten bestehen aus einem formfesten Gewebe aus Zellstoff und synthetischen Fasern wie Polyester. Sie sind wasser- und dampfbeständig. Vinyltapeten bestehen aus einer Trägerschicht aus Papier oder Vlies mit einer zusätzlichen PVC-Versiegelung – man nennt sie auch Kunststofftapeten. Sie

Unten: Das glasierte Steinzeug ist durchgefärbt und mit Metallic-Effekt veredelt. So erhält man die Optik von oxidiertem Corten-Stahl.

Unten rechts: Gemusterte Tapeten setzt man am besten als Hingucker an einer Wand ein. Die detaillierten organischen Formen der Blätter laden zum genaueren Betrachten ein.

Links: Tolle Gestaltungsmöglichkeit: Boden, Wand und Decke aus einem Guss.

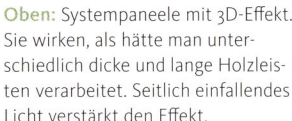

Oben: Systempaneele mit 3D-Effekt. Sie wirken, als hätte man unterschiedlich dicke und lange Holzleisten verarbeitet. Seitlich einfallendes Licht verstärkt den Effekt.

sind unempfindlich und lassen sich leicht abziehen. Für Textiltapeten wird ein Textilgewebe auf einen Papierträger aufkaschiert. Sie können auch mit Siebdruckverfahren gefärbt und gemustert werden. Um eine Raufasertapete zu erhalten, werden verschieden große Holzspäne zwischen zwei Papierschichten eingestreut. Sie ist leicht zu verarbeiten und lässt sich mehrfach überstreichen. Dank Digitaldruck kann man bei Fototapeten beinahe jedes Motiv umsetzen.

FLIESE An der Wand verwendet man meist Keramik aus Steingut. Sie brauchen eine Glasur, um wasserfest zu werden. Damit lässt sich nicht nur der Fliesenspiegel in der Küche umsetzen. Schön sind Wand»teppiche«, die aus Keramik geformt werden und einzelne Möbelstücke betonen. Dafür eignen sich beispielsweise Fliesen mit Strukturen, Reliefs oder zweifarbiger Glasur.

HOLZ Man kann massives Holz als Bretter, Platten, Riemchen an Wand und Decke anbringen. Auch bei den Oberflächen hat man eine große Auswahl: geölt, lasiert, gewachst; man kann das Holz glatt schleifen, bürsten, eine gehackte Optik wählen oder mit deutlichen Strukturen versehen. Für Furniere klebt man eine sehr dünn geschnittene Schicht Holz auf ein Trägermaterial. Holzwerkstoffe gibt es in unterschiedlichen Zusammensetzungen: sie bestehen aus Holzfasern, gemischt mit einem Klebstoff, oder aus Schichtholzplatten. Diese werden meist mit einer Dekorfolie überzogen, sind sehr hart und biegen sich nur wenig. So sind viele Designs möglich, selbst Stein- oder Betonoptik. Auch Laminat kann man als Wandbelag verwenden.

Die Auswahl an Wandbelägen ist groß. Probieren Sie aus, was zum Raum passt.

NATURSTEIN Ist sehr robust und besitzt eine lange Lebensdauer. Man kann Verblender aus Naturstein anbringen oder Paneele mit einem Furnier aus Naturstein – dies wiegt leichter als massiver Stein. Man kann die Oberflächen der Steine polieren, schleifen, bürsten, auch sandstrahlen oder bruchrau lassen.

Gesünder wohnen, Schadstoffe vermeiden

Die meisten Menschen wünschen sich ihr Zuhause ohne
Wohngifte, ausgestattet mit natürlichen Materialien. Wer neu baut
oder umbaut, kann diese Wohngesundheit einplanen.

Wer gesund wohnen will, muss sich allerdings ausführlich informieren, auf die Suche nach möglichen Schadstoffen machen, diese vermeiden und darf nur unbedenkliche Materialien einsetzen. Ein Umweltzeichen wie der Blaue Engel hilft: Damit wurden bisher rund 12.000 Produkte und Dienstleistungen ausgezeichnet. Wer sich dafür entscheidet, kann sicher sein, sich etwas Gutes zu tun. Ein Rundgang durchs Haus zeigt, wo sich Schadstoffe verstecken können: oft nämlich in unerwarteten Bauteilen und Orten.

In diesen Materialien stecken giftige Inhaltsstoffe:

ABDICHTUNGEN Elastische Massen enthalten Weichmacher und Fungizide, Montageschäume Isocyanate. Diese schädigen die Haut, reizen die Atemwege und können sogar Allergien auslösen. Die Lösung: Suchen Sie nur unbedenkliches Material aus.

HOLZ Als Parkettkleber werden meist Lösemittelklebstoffe auf Basis von Natur- und Kunstharzen verwendet. Sie setzen eine große Menge an Lösemitteln frei. Auch Dispersionsklebstoffe sind nicht frei von Schadstoffen. Die Lösung: Bei Verdacht messen lassen, ob noch eine schädliche Konzentration vorhanden ist. Lassen Sie Parkett lieber nageln – oder verwenden Sie Kleber auf Naturbasis.

KORK Eigentlich ist Kork ein natürlicher Grundstoff. Oft fehlen aber Angaben über eingesetzte Bindemittel (Formaldehydharz). Furnierter Kork ist meist mit lösemittelhaltigem Lack behandelt. Die Lösung: Das Kork-Logo kennzeichnet unbedenkliche Produkte.

LACK Er besteht aus Bindemitteln, Konservierungsstoffen und Lösemitteln. Letztere schädigen Nerven, Leber, Nieren und Atemwege. Die Lösung: Im Freien arbeiten oder gut lüften. Unbedenklicher Lack trägt das Europäische Umweltzeichen oder das TÜV-Umweltsiegel und enthält nur 10 Prozent Lösemittel. Auch Lacke auf Wasserbasis enthalten Lösemittel, meist jedoch eine geringere Menge. Sie sind also schadstoffarm, nicht schadstofffrei.

PVC Weichmacher (meist Phthalate) werden seit den 1960er-Jahren eingesetzt, um Kunststoff formbar zu machen. Sie dampfen aus oder werden durch Abrieb frei und stehen unter Verdacht, Krebs auszulösen. Die Lösung: Beim Neubau am besten gar nicht verwenden. PVC aus Altbauten richtig entsorgen. Die Arbeitsgemeinschaft PVC-Bodenbelag Recycling kennt Annahmestellen.

SPANPLATTEN Bindemittel, meist Formaldehydharze, verbacken Holzspäne und Restholz zu Platten. Es wird als Gas an die Luft abgegeben, in großen Mengen riecht es stechend. Das Gas reizt Schleimhäute, löst Kopfschmerzen aus, gilt als krebserregend. Die Lösung: Der Ausschuss für Innenraumrichtwerte (AIR) hat 2016 einen Grenzwert von 0,1 Milligramm pro Kubikmeter Luft abgeleitet. Der Wert sollte auch nicht kurzzeitig überschritten werden. Nur solche Spanplatten sind für den Innenausbau erlaubt. Bonus: Es gibt Gipsfaserplatten für den Trockenbau, die Schadstoffe wie Formaldehyd aufnehmen und speichern.

Ein regelmäßiger Austausch der Raumluft hilft Schadstoffe zu entfernen.

1 Abdichtungen
2 Holz
3 Kork
4 Lack
5 PVC
6 Spanplatten
7 Tapeten
8 Wandfarben
9 Möbel
10 Textilien
11 Außenluft
12 Erdreich
13 Zimmerpflanzen

Stauballergie

Wer Probleme mit einer Stauballergie hat, sollte über die Installation eines zentralen Staubsaugersystems nachdenken. In den einzelnen Räumen gibt es dann Wanddosen, an die man den Staubsauger ansteckt – und alle Partikel werden direkt in einen Sammelbehälter im Keller gezogen. Im Kleinen helfen auch Staubsauger mit einem Wasserfilter. Die eingesaugte Luft strömt dann zuerst durch einen Wasserbehälter, Staub und Schmutz werden darin gebunden. Meist säubert danach ein Hepa-Filter plus ein Zwischenfilter. Das Wasser schüttet man nach Gebrauch ins WC. Auch Luftreiniger mit ausreichend Filterstufen entnehmen der Raumluft nicht nur Pollen und Staub, sondern auch Gerüche, Schadstoffe und Allergene.

TAPETEN Ein hoher Kunststoffanteil erschwert den Ausgleich der Luftfeuchtigkeit, Schimmelpilz entsteht. PVC-Weichschaumtapeten enthalten Formaldehyd. Die Lösung: Entscheiden Sie sich für Papier- oder Raufasertapeten und verwenden zum Anbringen Kleister auf Zellulose- oder Stärkebasis. Vermeiden Sie Produkte mit Kunstharzen und Konservierungsmitteln.

WANDFARBEN Auf Inhaltsstoffe achten. Schadstoffarme Dispersions-, Leim-, Lehm- oder Kalkfarbe wählen. Gut für Allergiker: konservierungsmittelfreie Innenfarbe auf Dispersionsbasis. Lehmfarben filtern Schadstoffe aus der Luft und binden diese.

MÖBEL Zum Gerben von Leder wird auch Glutaraldehyd eingesetzt. Es reizt Schleimhäute und schadet der Umwelt. Möbel bestehen oft aus Holzwerkstoff-Platten, die bis zu 30 Prozent aus formaldehydhaltigem Leim bestehen. Die Lösung: Schicht- oder stabverleimte Platten enthalten nur 3 bis 5 Prozent. Alternativ entscheiden Sie sich für Massivholzmöbel.

TEXTILIEN Seit Anfang der 1980er-Jahre setzt man mehr Pyrethroide ein, um Textilien vor Motten zu schützen. Wir atmen die Substanzen mit dem Hausstaub ein. Ab 3 Milligramm pro Kilogramm Hausstaub entsteht eine deutliche Gesundheitsbelastung mit Hautreizungen, Kopfschmerzen, Schwindel. Bei längerer Einwirkung kann es zu schwerwiegenden Folgen kommen. Die Lösung: Vorhänge reinigen, Teppiche und Polstermöbel überprüfen lassen. Teppiche aus Ziegenhaar binden Feinstaub und verbessern das Raumklima.

Auch von außen können Schadstoffe ins Haus kommen:

AUSSENLUFT Sie bringt Feinstaub und andere Schadstoffe ins Haus. Das Umweltbundesamt zeigt in einem Schadstoffregister (PRTR oder Pollutant Release and Transfer Register), welche Schadstoffe die Luft regional belasten: www.thru.de. Die Lösung: Einzelne Lüftungsgeräte oder eine komplette Lüftungsanlage filtern die Außenluft, sie lüften außerdem energiesparend in genau richtiger Menge. Man kann die Lüftungsanlage optional mit einem Pollenfilter ausstatten, der zwei- bis dreimal pro Jahr ausgetauscht werden sollte.

ERDREICH Ein Zehntel der deutschen Lungenkrebsfälle führen Fachleute auf den Zerfall des radioaktiven Edelgases Radon zurück. Es kommt aus dem Boden. Wie viel ins Haus gelangt, hängt von der Durchlässigkeit des Baugrunds, von der Dichtigkeit der Fugen im Keller und der Lüftungsgewohnheit der Bewohner ab. Die Lösung: Wenn die Konzentration von Radon über 200 Bequerel pro Quadratmeter beträgt, müssen Sie mehr lüften und die Fugen abdichten.

ZIMMERPFLANZEN Schimmelpilze in der Erde lösen Atemprobleme und Allergien aus. Die Lösung: Erde ersetzen durch Tongranulat. Einige Pflanzen reinigen außerdem die Luft und filtern Schadstoffe. Dazu gehören Efeu, Einblatt, Zwergdattelpalme und Schwertfarn.

UND WAS HILFT NOCH? Um die Qualität der Raumluft zu verbessern, muss ein regelmäßiger Luftaustausch stattfinden. Am effektivsten geschieht dies mit einer automatischen Lüftungsanlage: Sie transportiert verbrauchte Luft und Schadstoffe nach draußen, holt frische Luft herein – ohne Pause. Mit zusätzlichen Filtern kann man außerdem Pollen und Staub aussperren. Wie lange soll man lüften, wenn das Haus keine Lüftungsanlage besitzt?

Am schnellsten erneuert sich die Raumluft beim Querlüften: zwei gegenüberliegende Fenster öffnen. Ein bis fünf Minuten genügen. Beim Stoßlüften (nur ein Fenster öffnen) braucht es fünf bis zehn Minuten, mit gekipptem Fenster (Spaltlüften) 30 bis 60 Minuten. Das Fenster nicht den ganzen Tag gekippt offen stehen lassen.

Bauen mit Stroh und Lehm

Wer mit Stroh und Lehm baut, bekommt ein wohngesundes Haus mit angenehmem Raumklima.

STROH ist ein Baumaterial, das auf dem Acker wächst: die trockenen Stängel von gedroschenem Getreide. Es ist goldgelb, hat keine grauen Flecken und riecht nicht modrig. Die äußere Schicht ist wachsartig und wasserabweisend. Dank der maximalen relativen Feuchte von 15 Prozent gibt es keine Schimmelbildung. Kunststoff oder Draht halten die gepressten Ballen in Form. Üblicherweise fachen sie als Dämmung eine Holzkonstruktion aus. Zu Ballen verdichtetes Stroh ist lange feuerbeständig, eine Putzschicht aus Lehm ebenfalls. Man kann Stroh auch regional vom Bauern beziehen.

LEHM ist eine Mischung aus Sand, Schluff und Ton. Häufig ist er regional verfügbar. Eingesetzt wird das Baumaterial als Stampflehm, Lehmziegel oder Lehmbauplatte. Das Material bindet Schadstoffe und verbessert das Raumklima, da es die Luftfeuchtigkeit reguliert. Denn Lehm kann Wasserdampf aufnehmen und speichern – und wieder abgeben, wenn Bedarf besteht.

Oben beide: Stroh wurde hier als Dämmmaterial und für die Trägerkonstruktion eingesetzt, mit Holz und innen mit einem Lehmputz ergänzt. Die tiefe Laibung spendet im Sommer Schatten und lässt im Winter auch die flach stehende Sonne ins Haus.

Wer die Materialien für sein Haus bewusst auswählt, kann Schadstoffe von vornherein vermeiden.

Materialien für Fassade und Konstruktion

Holz, Beton, Mauerstein: So unterschiedlich die Baustoffe sind, alle erfüllen die gleichen Aufgaben. Die Außenwände tragen nicht nur das Dach, sondern schützen die Bewohner auch vor Wind und Witterung. Außerdem bestimmen sie die äußere Gestalt des Hauses – die Fassade.

Holz

Sein größter Vorteil: Es wächst nach, bindet CO_2 (Kohlendioxid) und produziert gleichzeitig Sauerstoff. Somit ist es einer der umweltfreundlichsten Baustoffe. Bei der Weiterverarbeitung muss nur wenig »graue Energie« eingesetzt werden. Mit Holz wird schon seit Jahrtausenden gebaut. Es lässt sich einfach bearbeiten, hat gute statische sowie beste Wärmedämmeigenschaften und lässt sich mit vielen anderen Baustoffen kombinieren. Holz fühlt sich warm und angenehm an, ist lebhaft und natürlich.

Man kann mit Holz massiv bauen – Wände in Brettschichtholz, Decken als Brettstapel – oder in Rahmenbauweise. Für beide Konstruktionsarten ist aufgrund der hohen Vorfertigung eine gute Detailplanung erforderlich, um auf der Baustelle keine bösen Überraschungen zu erleben.

MASSIVBAU Kreuzweise verleimte Platten werden großformatig zusammengeleimt und je nach Bauteil in unterschiedlichen Dicken hergestellt. Schon in der Zimmerei werden Fenster- und Türöffnungen in Holztafeln eingefräst, außerdem Verbindungen für Wand- und Deckenanschlüsse vorbereitet. Die so vorgefertigten Teile müssen dann auf der Baustelle »nur« noch zusammengeschraubt werden. Innerhalb weniger Tage steht Ihr Haus. Als Wärmedämmung ist lediglich eine wenige Zentimeter dicke Schicht auf der Außenseite notwendig.

Oben beide: Holzmassivbau: Vorgefertigte Brettschichtholzplatten werden auf der Baustelle innerhalb weniger Tage zusammengebaut. Fenster und Türen sind schon in die Wände eingeschnitten.

Links: Holzrahmenbau: Die tragenden Holzständer werden beidseitig mit Holzplatten verkleidet und der Zwischenraum mit Dämmstoff ausgefüllt. Dies kann auf der Baustelle geschehen oder schon vorher in der Werkstatt.

Unten: Die Architekten Innauer Matt aus Vorarlberg entwarfen eine neue Form der Holzfassade. Die Holzleisten sind mit Abstand zueinander verschraubt und erzeugen so eine reizvolle Optik.

HOLZRAHMENBAU

Senkrechte Pfosten und horizontale Riegel bilden das Tragwerk. Eine beidseitige Beplankung steift diesen Rahmen aus. In den Zwischenraum kommt die Wärmedämmung. Somit kann die Dämmschicht auf der Außenseite je nach Anforderung recht dünn ausfallen. Je nach Gebäudeart werden die Wände meist schon in der Werkstatt zusammengebaut und mit allen notwendigen Anschlüssen ausgerüstet. Das Haus ist innerhalb weniger Tage montiert.

Als Fassade bietet sich ebenfalls Holz an. Natürlich können Sie Holz auch als »äußere Haut« bei allen anderen Bauweisen verwenden. Das können großformatige Tafeln sein oder Leisten, die im besten Fall senkrecht angebracht werden, um Regenwasser schneller abzuleiten. Die wichtigste Regel im Holzbau: Konstruktiver Holzschutz und Detailwissen kommt vor Holzanstrichen oder chemischem Holzschutz. Wenn Holz schnell trocknen und Wasser nicht in das Innere eindringen kann, hält es viele Jahrzehnte. Eine regendichte Schicht hinter der Fassade ist notwendig, und eine Hinterlüftung ebenfalls empfehlenswert, damit anfallende Feuchtigkeit durch die Luftzirkulation abtransportiert werden kann.

Beton

Sichtbeton muss nicht kühl und abweisend wirken. Durch entsprechende Schal- und Oberflächentechniken, Zugabe von farbigen Pigmenten und durch unterschiedliche Körnungsgrößen, raue Schalbretter oder eingelegte Matrizen kann Beton eine sehr lebhafte Oberfläche bekommen. Beton wird flüssig in eine Schalung gegossen, so lassen sich nahezu alle erdenklichen Formen realisieren. Er kann enorme Druckkräfte aufnehmen. Um auch Zugkräfte aufnehmen zu können, muss Beton mit Stahl bewehrt werden. Kellerwände werden meist als »Weiße Wanne« (wasserdicht) ausgeführt.

Wenn Sie kostengünstig bauen möchten, ist Beton nicht die beste Wahl. Wenn Sie die Außenhaut in Sichtbeton ausführen möchten, braucht die Wand eine Kerndämmung oder man verwendet einen speziellen Dämmbeton. Normaler Beton hat schlechte Wärmedämmeigenschaften und muss immer mit einem Wärmedämmverbundsystem kombiniert werden.

Geschossdecken werden häufig in Beton gefertigt: entweder direkt auf der Baustelle als Ortbetondecke gegossen oder als vorfabrizierte Elementdecke, bei der nur die oberste Schicht (Oberbeton) auf der Baustelle vergossen wird.

Materialwahl

Jedes Material hat Vor- und Nachteile. Es gibt nicht das ultimative und beste Material. Womit Sie Ihr Haus bauen, kommt ganz auf Ihre Vorlieben und Wünsche an. Wenn Sie in einem ökologischen Haus wohnen möchten, werden Sie in Holz bauen. Je nachdem, in welcher Region Sie bauen, gibt es traditionelle Bauweisen. Im Süden Deutschlands gibt es viele Häuser aus Holz, die auch eine Holzfassade haben. Eine Klinkerfassade würde auffallen. Im Norden und Münsterland hingegen ist es gang und gäbe, Häuser mit Ziegeln zu verklinkern. Es gibt Regionen wie die Eifel oder Franken, wo es viele Fassaden in Naturstein gibt. Große Steinbrüche in der Umgebung liefern das Material.

Links: Beton steht immer im Kontrast zu der Umgebung und den Nachbargebäuden. Reizvoll bei diesem Haus sind die großen Fenster. Dies ist so nur in Beton möglich.

Mauerwerk

STEIN AUF STEIN – das steht bei vielen für wertiges Bauen schlechthin. Ein gemauertes Haus hat eine lange Lebensdauer und einen hohen Wiederverkaufswert. Mauersteine speichern Wärme gut und bieten aufgrund ihrer Masse einen guten Schallschutz.

Ziegel, Porenbeton und Kalksandstein sind die gängigsten Mauersteine.

ZIEGEL sind schon seit Jahrtausenden im Einsatz. Sie bestehen aus Ton und Lehm. Ungebrannt und luftgetrocknet werden sie zum Ausfachen von Ständerwerken benutzt. Bei ca. 1.000 Grad Celsius werden Tonziegel gebrannt. Es gibt Vollziegel und Lochziegel. Klinker,

die für die Fassade verwendet werden und dessen äußere Erscheinung bestimmen, sind Vollziegel. Sie werden besonders heiß gebrannt, um alle Poren zu schließen. Das macht sie besonders widerstandsfähig und sie nehmen nahezu kein Wasser auf. Lochziegel haben stehende oder liegende Löcher, dementsprechend unterscheidet man Hochlochziegel und Langlochziegel. Sind diese Hohlräume mit einer Perliteschüttung (aufgeblähtes Vulkangestein) oder Mineralfasern verfüllt, spricht man von Wärmedämmziegel. Zusätzlich wird oft Sägemehl als Zuschlagstoff vor dem Brennen zugemischt. Es verbrennt dabei, sodass zusätzlich wärmedämmende Luftporen im Ziegel entstehen. Eine aus Wärmedämmziegeln errichtete Mauer mit 36,5 Zentimetern Stärke erfüllt die aktuell geltende EnEV 2016, sodass keine zusätzliche Wärmedämmung erforderlich ist.

Oben: Ein klassisches Haus? Nicht ganz, die Ziegel verblenden auch die Gauben und schaffen so eine Verbindung zum Baukörper. Mit Ziegel lässt sich eine vielfältige, spannungsreiche Fassade gestalten.

Ein stimmiges Haus entsteht, wenn Material, Konstruktion und äußere Form eine Einheit bilden.

Unten: Hochdämmend:
ein Ziegel, dessen Hohlräume
gedämmt sind

Unten Mitte: Porenbetonstein:
besser bekannt unter dem
Namen Ytongstein.

Ganz unten: Tragend:
Kalksandstein steht für das
Bauen mit Steinen.

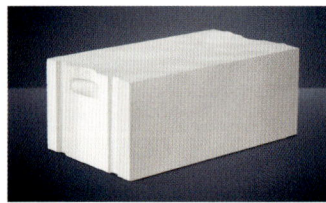

KALKSANDSTEIN wird aus Branntkalk, Quarzsand und Wasser mit hydraulischen Pressen in Form gebracht und in speziellen Dampfdruckkesseln bei ca. 200 Grad Celsius gehärtet. Durch die hohe Rohdichte weist er sehr gute Schallschutzwerte auf, dafür recht schlechte Wärmedämmqualitäten und muss deshalb immer gedämmt werden. Dann speichert der Stein Wärme und gibt diese später wieder ab. Häuser aus Kalksandstein empfinden wir an heißen Sommertagen als angenehm kühl.

PORENBETON sagt auf der Baustelle fast niemand. Besser bekannt ist der Baustoff unter den Namen Gasbeton- oder Ytongstein. Beton sucht man allerdings vergeblich, denn die Zutaten sind: Branntkalk, Zement, Quarzsand und Wasser. Dieser Mischung wird eine geringe Menge Aluminiumpulver beigemischt. Dies löst einen chemischen Prozess aus, durch den viele Gasbläschen entstehen. Die Wärmedämmeigenschaft sind dadurch hervorragend. Der Schallschutz ist nicht so gut wie bei Ziegeln, da die Steine sehr leicht sind. Meist kommen große Steinformate zum Einsatz, und die Mauern müssen verputzt werden.

Man unterscheidet grundsätzlich ein- und zweischalige Wände.

EINSCHALIG Eine einschalige Außenwand ist eine Wand aus nur einer, im Verband gemauerten Wand. Aufgrund der heutigen Wärmeschutzanforderungen sind gut dämmende Steine erforderlich. Also Steine, zum Beispiel aus Porenbeton, mit einem hohen Luftanteil, erzeugt durch Hohlkammern oder Poren. (Ruhende Luft hat eine sehr niedrige Wärmeleitfähigkeit.) Diese Steine muss man mit einem Außenputz vor der Witterung schützen.

Üblich sind auch Kalksandsteine, deren Wärmeleitfähigkeit höher, die Dämmwirkung also schlechter ist. Auf solche Mauern muss ein Wärmedämmverbundsystem angebracht werden, um die geforderte Dämmwirkung zu erzielen.

ZWEISCHALIG Eine zweischalige Außenwand besteht aus einer tragenden Mauer und einer Vorsatzschale. Diese bildet die Fassade und dient dem Witterungsschutz. Sie wird mit einem sogenannten Verblendmauerwerk aus Ziegeln gemauert. Mit Drahtankern verbindet man die beiden Mauern.

Zwei Ausführungsarten sind heute üblich: mit Kerndämmung und Luftschicht, mit Dämmung und Luftschicht. Eine zweischalige Wand nur mit Luftschicht auszuführen, genügt heute nicht mehr für bewohnte Gebäude. Die häufigste Lösung stellt die Kerndämmung mit Luftschicht dar. Für eine ausreichende Hinterlüftung sollte die Luftschicht mindestens 60 Millimeter betragen. So kann anfallende Luftfeuchtigkeit abgeführt werden.

Die Vorsatzschale kann sowohl aus Klinkern bestehen als auch aus einer vorgehängten Fassade aus Faserzementplatten, einer Holzverschalung, Metallkassetten, Holz- oder Metallschindeln. In diesen Fällen spricht man von einer vorgehängten Fassade. Dazu braucht es Be- und Entlüftungsöffnungen. Bei Klinkern sind das offene Stoßfugen im Sockel- und Firstbereich. Bei der Kerndämmung ohne Luftschicht muss die Dämmung aus wasserabweisenden Materialien bestehen. Denn eine durchfeuchtete Dämmung verringert die wärmedämmenden Eigenschaften.

Putz, Holz, Metall, Ziegel, Stein: Die Materialauswahl ist riesig.

Rechts: Der rot durchgefärbte Putz ist mutig. Allerdings ist die Farbe der Fassade auf die Dachziegel abgestimmt. Das beruhigt die Form und schafft eine harmonische Einheit.

Links: Dieses Haus ist mit goldfarbenen Metallplatten verkleidet. Die Formate der Platten können die Form eines Hauses unterstützen. Auch möglich mit Faserzementplatten.

Fassade

Für die Fassade bieten sich viele Materialien an. Grundsätzlich lässt sich fast jedes Konstruktionsmaterial mit jedem Fassadenmaterial kombinieren. Wie sinnvoll das im jeweiligen Fall ist, müssen Sie gemeinsam mit dem Architekten klären. Die wichtigsten Materialien sind:

Putz · Ziegel · Holz
Beton · Stein · Faserzement
Metall · Glas

Holzhaus vom Feinsten

Wie grazil und modern kann eine Konstruktion aus Holz aussehen? In den letzten zehn Jahren lernte der Baustoff mehr hinzu als in den hundert zuvor. Slimline statt gemütlicher Balken und viel Glas lassen die Bewohner dieses Hanghauses nahezu frei auf Wiesen und bewaldete Hügel des Markgräflerlands schauen: Experiment gelungen.

Moderne Technik ermöglichte den Holzkonstruktionen eine Schlankheitskur. Das sogenannte Brettschichtholz (BSH) entwickelte sich aus einfachem, entastetem Rundholz über exakt gesägte Balken. Heute werden hierfür vorsortierte Bretter zu langen Lamellen verbunden, fehlerhafte Holzstellen herausgeschnitten und die Lamellen zu Stapeln verleimt. Darum wird es auch Leimholz genannt. Man nutzt es für Decken, Dach, als Stützen und Träger. Die Qualität des Bauteils wird während der Produktion überwacht, ist darum genau definiert und ausgezeichnet: Es erreicht eine Tragfähigkeit, die gewachsenes Vollholz gleichen Querschnitts nicht erzielt. Die Abmessungen richten sich zudem nicht mehr nach dem Baumstamm, sondern den Produktionsmaschinen und der Architektur, etwa die Elementdicke nach der Deckenspannweite. Sollen die Brettstapel gleich wohnfein sein, sortiert man die raumseitige Brettlage zusätzlich nach dem Aussehen.

EFFIZIENZ Durch das im Holzbau übliche Rastermaß lassen sich die Elemente wirtschaftlich in der Zimmerei vorfertigen. Details wiederholen sich so an gleichen Stellen: Die Fehlerquote wird kleiner, die Montagezeit kürzer. Die Bauteile lassen sich gut transportieren, auch den Hang hinauf.

KONTEXT Das sonnige Grundstück fällt steil nach Südwesten ab und bietet einen traumhaften Panoramablick. Helmut Hagmüller von Schaudt Architekten hatte den regionalen Baustil analysiert: Die Gebäude bestehen hier meist aus Haupt- und Nebenhaus, einfache Kuben mit ruhigen Dachflächen, die sich zu Gehöften gruppieren. Der Planer übertrug diese Erkenntnisse in sein Konzept: Er platzierte einen 6 Meter schmalen, dafür gut 16 Meter langen Hauptbau längs am Hang. Die Firstrichtung folgt jener der Nachbarhäuser. Das ausgebaute Pultdach blieb ohne Öffnungen und somit optisch ruhig. Licht flutet in die Räume durch die Giebelfenster und das Lichtband in der hohen Nordostwand. Darunter lehnt, etwas versetzt, ein zweiter, 3 Meter schmaler Trakt. Dessen überstehendes Ende dient im Erdgeschoss als Freisitz. Oben ist er dreiseitig raffiniert mit Holzlatten beplankt, die Durchsicht erlauben, aber dennoch Schatten und Geborgenheit schenken. In Querrichtung sind die Grundrisse streng gerastert: Alle 3,12 Meter könnten die Bauherren eine Trennwand setzen oder entfernen; die Fensterpfosten dienen dabei als

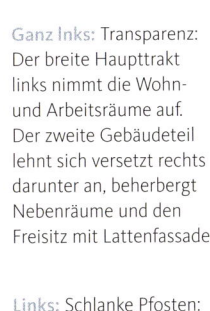

Ganz lnks: Transparenz: Der breite Haupttrakt links nimmt die Wohn- und Arbeitsräume auf. Der zweite Gebäudeteil lehnt sich versetzt rechts darunter an, beherbergt Nebenräume und den Freisitz mit Lattenfassade.

Links: Schlanke Pfosten: Die Leimholzstützen zeigen zur Fassade nur ihre Schmalseiten. Sie sind weiß lasiert wie die vorgefertigten Elemente der Brettstapeldecke.

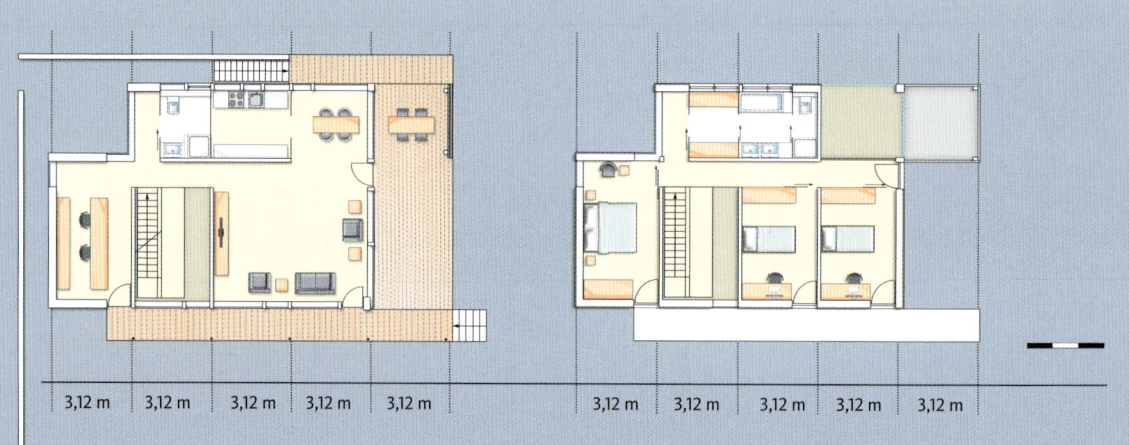

3,12 m	3,12 m	3,12 m	3,12 m	3,12 m

Erdgeschoss

3,12 m	3,12 m	3,12 m	3,12 m	3,12 m

Obergeschoss

DATEN & FAKTEN
Grundstücksgröße: ca. 800 m²
Wohnfläche: 172 m²
Zusätzliche Nutzfläche: 88 m² (mit Büro)
Bewohner: 4
Reine Baukosten: 2764 Euro je m² Wohn-
und Nutzfläche (hochgerechnet für 2017)

Planung:
Schaudt Architekten
Helmut Hagmüller
Hafenstraße 10
78462 Konstanz
www.schaudt-architekten.de

5 X 3,12 METER
Das ist die verborgene Ordnung dieses
Holzhauses, die man als Harmonie wahr-
nimmt. Das Modulmaß beträgt 3,12 Meter
in der Breite – als punktierte Linie ange-
deutet. Im Erdgeschoss sind Büro und Treppe je ein Modul breit, das Wohnzimmer
beansprucht zwei, das Holzdeck im Freien
wieder eines – also fünf Rastermodule
insgesamt. Im Obergeschoss bekamen die
Individual- und Schlafräume jeweils einen
Streifen. Den fünften nimmt der Luftraum
über dem Freisitz ein.

»Das Weißtannenholz für die Fassade stammt, ökologisch korrekt, aus dem nahe gelegenen Schwarzwald: Der Transportweg war kurz.«

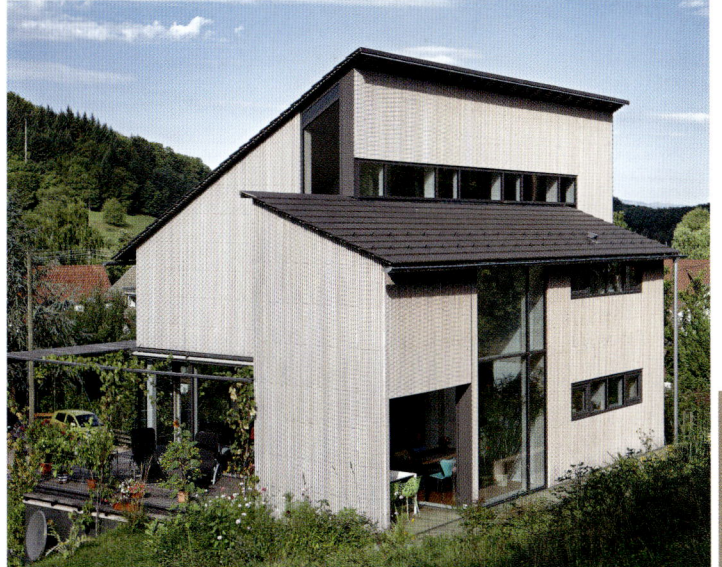

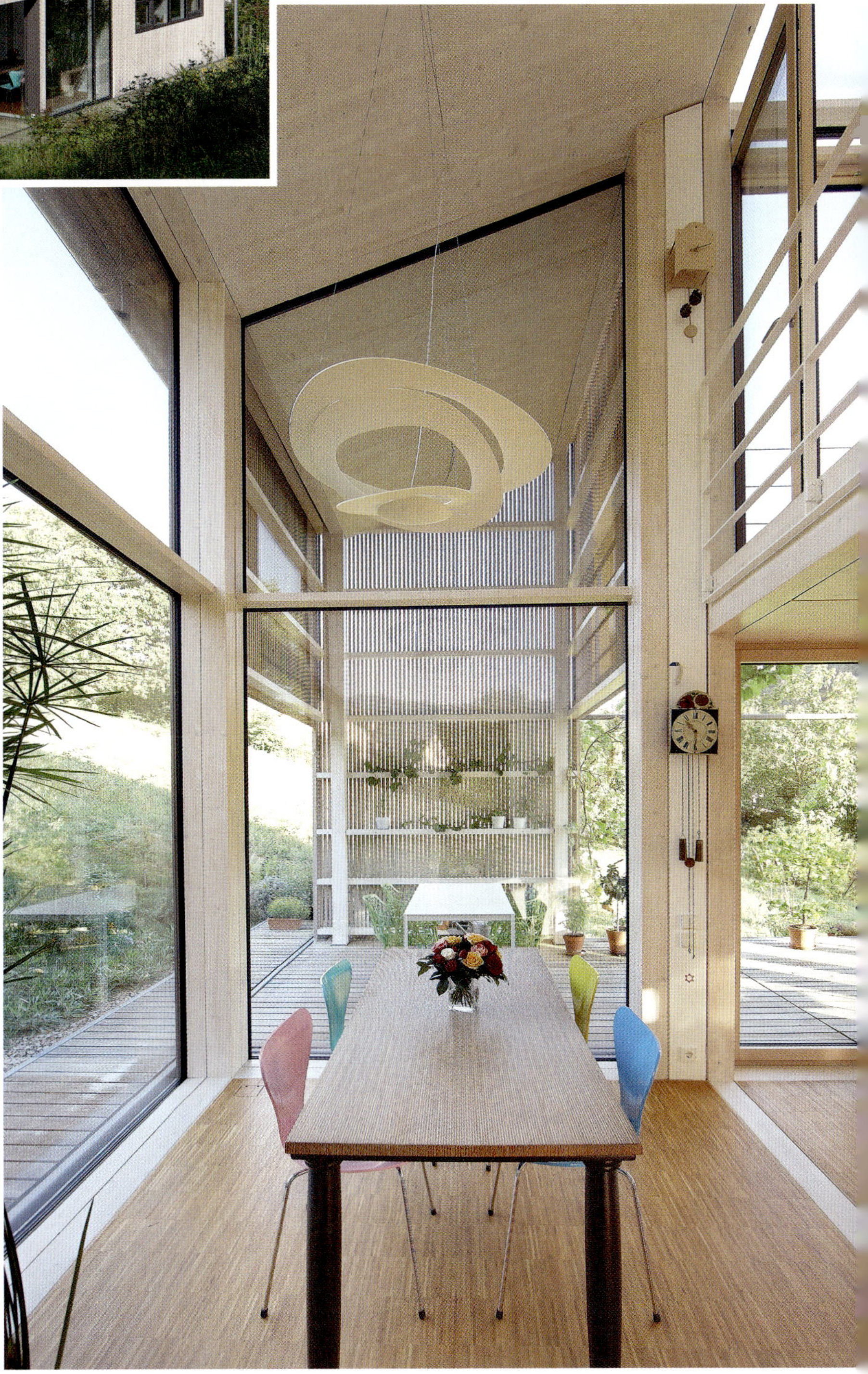

Oben: Regionaltypische Bauweise: Das Holzhaus besteht aus einfachen Kuben – wie die alten Gehöfte. Es fügt sich gut in den Ort ein, sieht dennoch frisch und offen aus.

Rechts: Essplätze innen und außen: Die Lattenfassade hüllt den Freisitz bis hinauf unters Pultdach luftig ein und erlaubt dennoch die Durchsicht zum Gartengrün im Südosten.

Links: Große Glasflächen statt einzelne Fenster: Panoramablick und moderne Fassadengliederung in einem. Der davor gestellte Stahlbalkon hält im Sommer die pralle Mittagssonne ab.

Andockstelle. Die Räume könnten also jederzeit größer oder kleiner werden – denn Familien ändern sich.

ÖKOLOGIE Während der Erdarbeiten stießen die Handwerker auf Hangwasser, weshalb das Heizkonzept geändert wurde. Hang- und Regenwasser sammeln sich nun in der 12-Kubikmeter-Zisterne. Die Wärmepumpe entnimmt dem Wasser Wärme und bringt diese auf Heizniveau. Die Lüftungsanlage entzieht der Fortluft fast die ganze Wärmefracht und temperiert damit die kalte Frischluft. Durch hoch gedämmte Außenwände und Fenster mit Südausrichtung ergibt sich ein niedriger Wärmebedarf.

Schlanke Schönheit

Haus oder Wohnung? Reihenhäuser vereinen beides, sind schmal und zum Ausgleich lang. Doch je länger, desto dunkler ist ihre Mitte. Neubauten kann man abstufen und die Fenster so groß wie möglich anlegen. Aber auch alte Reihenhäuser lassen sich optisch weiten und aufhellen. Wenn die Gebäudezeile oder eine ganze Siedlung unter Ensembleschutz steht, wird dies schwieriger. Ein Beispiel im Norden Hamburgs.

Oben: Der Esstisch steht im ehemaligen Flur – wieder wird Platz und Weite gewonnen. Die rote Wand dient beim Essen als Rückenlehne und beim Treppensteigen als Absturzsicherung.

Links: Durchblick zaubert mehr Größe, als es eigentlich gibt: Die Augen erfassen die benachbarten Bereiche stets mit. Perfekt, wenn es gelingt, auch den Garten einzubeziehen – wie hier.

D ie Überraschung wirkt zuverlässig: Hinter der rotbraunen Eingangstür öffnet sich der etagengroße Familienraum, der in den Garten übergeht. Ein grandioser Blick über 10,50 Meter Länge.

WEITE Die Bauherrin und Architektin Ulrike Broocks vereinte Flur, Essküche und Wohnzimmer, längs verlegte Eichenholzdielen unterstreichen Zuschnitt und Charakter des Einraums. Sie entfernte die Flurwand, ließ jedoch von der tragenden Querwand zwei kurze Stücke stehen. Diese schultern nun den verkleideten Träger, der die Deckenbalken trägt. So entstand ein Torrahmen, eine Art Passepartout für den Wohnbereich an alter Stelle. Ulrike Broocks wiederholte das Prinzip an der rückwärtigen Außenwand. Sie nahm dort nur die dreiteilige Terrassentür heraus und schuf so einen Durchgang in den neuen Glasanbau. Der öffnet sich mit seinen Falttüren raumbreit zum Garten. Das Rahmenmotiv hat Vorzüge: Es kostet viel weniger, die Träger nicht

bündig in der Deckenkonstruktion zu verstecken, sondern darunterzusetzen, außerdem machen die kurzen Trennwandreste das Haus stabiler und erinnern an die frühere Raumaufteilung. Zudem gliedern die Torrahmen das Erdgeschoss in die Bereiche Essen und Kochen, Ruhen und Fernsehen, Lesen und Hören. Und sie beziehen eine vierte Zone mit ein: das grüne Sommerwohnzimmer.

HELLIGKEIT Ohne Zwischenwände flutet das Tageslicht heute von zwei Seiten herein, viel davon durch den Glasanbau im Süden. Straßenseitig lässt ein detailgetreu erneuertes Fenster-Trio und die halb verglaste Haustür Helligkeit nur in moderater Menge ein. An der Vorderseite durften die Käufer nichts verändern, nur rückführen oder restaurieren, denn die Franksche Siedlung in Klein Borstel steht unter Denkmalschutz. Innen waren Änderungen erlaubt.

Bei üblicher Fenstergröße ist es in 5 Metern Raumtiefe zu dunkel zum Lesen. Dieses Reihenhaus misst in der Länge 7,30 Meter – ohne Glasanbau. Außerdem kommt Licht von zwei Seiten. Das passt – aber nur, wenn die Oberflächen nicht zu viel Licht schlucken. Die Helligkeit von Farben und Materialien richtet sich danach, wie viel Prozent des auftreffenden Lichts im Vergleich zu einer weißen Oberfläche reflektiert werden. Bei einer optimal weißen Fläche sind es 100 Prozent, bei einer tiefschwarzen 0 Prozent. Darum hat Ulrike Broocks Wände und Decken weiß gestrichen; Kalkweiß reflektiert zu 80 Prozent. Alte Hölzer wurden weiß lackiert, die neuen Möbel sind weiß oder hellgrau. Die Küche besitzt glänzende Oberflächen, welche die Umgebung spiegeln. Helle Eichendielen reflektieren etwa 33 Prozent, rote Ziegel etwa 18 Prozent, etwa gleich wenig wie die neue, rote Wand neben der Treppe. Diese schirmt den Treppenlauf ab und stärkt dem Essplatz den Rücken.

»Wir gehen ins Dorf‹, sagen wir, wenn wir zur Post, Apotheke, zum Lebensmittelladen und zum Kindergarten wollen. Die Siedlung hat sogar eine eigene Schule.«

Rechts: Die Treppe wirkte einst düster. Stufen und Geländer wurden umgearbeitet, teils weiß lackiert. Unterm Teppich kamen Dielen zum Vorschein, die nun geschliffen und lackiert sind.

Ganz rechts: Die kleinen Kinderzimmer mit je 8 Quadratmetern erweitern sich beide bis in den Spitzboden. Später sollen auf den jetzt freiliegenden Kehlbalken Hochebenen zum Schlafen montiert werden.

Links oben: Auch die Küche wurde in den Familienraum integriert. Licht fällt darum von zwei Seiten ein: durch das Fenstertrio neben der Haustür und von Süden, durch den neuen Glasanbau.

Links: Wintergarten, Fenster und Gaube sind neu. Der hausbreite und 3 Meter tiefe Anbau bringt fast 13 Quadratmeter zusätzliche Wohnfläche und besondere Wohnqualität.

Unten: Die Vorderseite des Backsteinhauses durften die Käufer nur wenig ändern. Auf das Podest neben den drei Eingangsstufen passen zwei Stühle, plus Tischchen und Pflanzenkübel.

ENERGIESPAREN IM DENKMAL

Die Bauherren entfernten das Dach von innen bis direkt unter die denkmalgeschützte Ziegeldeckung. Sie doppelten die alten Sparren auf, verloren dadurch zwar Raumhöhe, konnten aber eine 20 Zentimeter dicke Dämmung montieren. Holzfenster mit Wärmedämmglas und neue Dachflächenfenster halten die Wärme drinnen. Die jährlichen Heizkosten mit Brauchwassererwärmung betragen lediglich 900 Euro.

MEHR PLATZ UND KOMFORT

Das Häuschen von 1937 bot 80 Quadratmeter auf drei Etagen. Trotz Ensembleschutz durfte man die Häuser auf den Rückseiten verlängern und größere Fenster einbauen. Familie Broocks gewann mit dem Anbau, in Keller und Dach rund 20 Quadratmeter hinzu – immerhin rund ein Viertel. Sie erneuerte Bad, WC und Küche, Heizung, Elektro- und Sanitärnetz, führte viele Arbeiten selber aus. Wohnwert und die superbe Umgebung entschädigen sie heute üppig.

DATEN & FAKTEN

Grundstücksgröße: 170 m²
Wohnfläche: 100 m², davon neu 20 m² (Glasanbau + Schlafemporen im Spitzboden für die Kinder)
Zusätzliche Nutzfläche: 12 m²
Bewohner: 4
Bauweise: massiv
Eigenleistung: 500 Stunden
Endenergiebedarf: 110 kWh/(m²a)
Reine Baukosten: 110.000 Euro (hochgerechnet für 2017, ohne Eigenleistung)

Planung:
Ulrike Broocks, Hamburg
u.broocks@b2arch.de

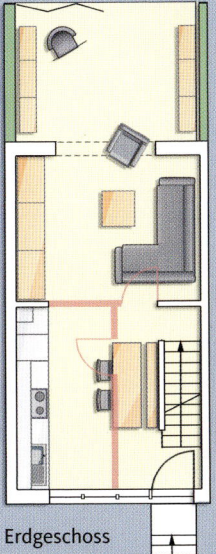

Erdgeschoss

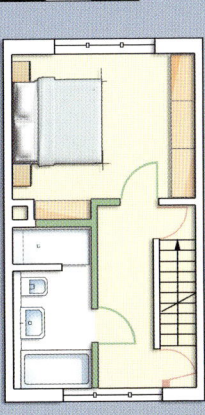

Obergeschoss

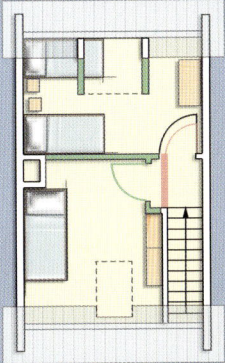

Dachgeschoss

Nützliche Links

Information und Beratung für Bauherren

Architektenkammern der Bundesländer, zum Beispiel
www.byak.de/start/informationen-fur-bauherren (Bayern)
www.aknds.de/bauherren/bauherren-architektenleistungen (Niedersachsen)

Bauherren-Schutzbund e.V.
www.bsb-ev.de

Bauherrenportal von Das Haus
www.haus.de

BauNetz: Online-Lexikon Architektur & Bauen
www.baunetzwissen.de

Bundesarchitektenkammer
www.besser-mit-architekten.de

Institut Bauen und Wohnen
www.institut-bauen-und-wohnen.de

Verband privater Bauherren VpB
www.vpb.de

Verbraucherzentralen der Bundesländer
www.verbraucherzentrale.de

Inspiration

Houzz: Plattform und Community zum Bauen & Einrichten
www.houzz.de

Pinterest: Ideenkatalog zu vielen Themen
www.pinterest.de

Wohncommunity Roomido
www.roomido.de

Wohncommunity SoLebIch
www.solebich.de

Tag der Architektur der Architektenkammern
www.tag-der-architektur.de

Urlaubsarchitektur: gelungene Häuser für Urlaube oder als Inspiration
www.urlaubsarchitektur.de

Förderprogramme

Aktion pro Eigenheim: Informationsplattform von Firmen aus der Bauindustrie
www.aktion-pro-eigenheim.de

Bundesamt für Wirtschaft und Ausfuhrkontrolle
www.bafa.de

Bundesministerium für Umwelt, Naturschutz, Bau und Reaktorsicherheit (Fördermittel-Check)
www.klima-suchtschutz.de

Kreditanstalt für Wiederaufbau
www.kfw.de

Energie & Umwelt

Agentur für erneuerbare Energien
www.unendlich-viel-energie.de

Dämmen lohnt sich (staatliche Förderprogramme)
www.daemmenlohnt-sich.de

Deutsche Energie-Agentur (dena)
www.dena.de

Fachagentur für nachwachsende Rohstoffe
www.fnr.de

Initiative für Wärmedämmung
www.qualitaetsgedaemmt.de

Gesund bauen

Berufsverband Deutscher Baubiologen e.V.
www.baubiologie.net

Institut für Baubiologie + Nachhaltigkeit IBN
www.baubiologie.de

Schadstoffregister des Umweltbundesamts
www.thru.de

Eigenleistung

Berufsgenossenschaft der Bauwirtschaft
www.bgbau.de

Deutsche Zollverwaltung (Thema Schwarzarbeit)
www.zoll.de

Architektenhonorar

Honorarordnung für Architekten und Ingenieure (HOAI)
www.hoai.de

— Autoren —

© Fotodesign Bettina Theisinger

Karin Jung war drei Jahrzehnte lang Ressortleiterin Bauen & Renovieren bei *Das Haus*, Deutschlands führender Bauherrenzeitschrift. Mit ihrer Leidenschaft für gute Architektur inspirierte sie viele Bauherren und gab mit ihrem Bauwissen wertvolle Tipps für die Realisierung von Wohnwünschen. Sie studierte Innenarchitektur und Möbeldesign in Stuttgart. Heute lebt und arbeitet sie in München.

Gunnar Brand ist Ressortleiter Bauen & Renovieren bei *Das Haus*. Er lernte Tischler, studierte Architektur und arbeitete in Wien und München als Architekt. Nebenbei entwirft und produziert er mit seinem Label Moebel Compagnie Produkte und Möbel.

Wolfgang Mandl ist Leiter der Datenbank Positionen und Baupreise beim Baukosteninformationszentrum Deutscher Architektenkammern GmbH. Außerdem ist er ehrenamtlicher Berater für Baukosten im Bauzentrum der Landeshauptstadt München.

Mona Grosche lebt und arbeitet in Bonn. Sie ist seit vielen Jahren als Lektorin, Dozentin für DaF (Deutsch als Fremdsprache) und freie Journalistin tätig. Ihre thematischen Schwerpunkte liegen im Bereich Bauen und Architektur. www.monascript.de

Louis Saul studierte Kunstgeschichte, Kommunikationswissenschaften, Politikwissenschaften und Soziologie. Er ist als Regisseur, Filmautor und Künstler tätig. Daneben schreibt er Bücher und Artikel über Film und Architektur.

© Blende11

Eva Kahl interessiert sich für Architektur, seit sie als Kind mit Freunden ihr erstes Baumhaus gebaut hat. Sie arbeitet seit 1999 im Ressort Bauen & Renovieren bei *Das Haus*: Sie schreibt Reportagen und beschäftigt sich vor allem mit Technik- und DIY-Themen.

Noelani Waldenmaier studierte Sprachwissenschaft in München. Sie war 15 Jahre Journalistin beim Nachrichtenmagazin *Focus*. Seit 2016 ist sie verantwortlich für das Ressort Baufinanzierung, Geld und Recht bei *Das Haus*.

BILDNACHWEIS

Grundrisse:
Andreas Schiebel Multimediadesign: 25, 29, 35, 49, 55, 61, 85, 89, 122, 126, 141, 145, 168, 173;

Fotos:
ARTUR IMAGES: 19 re. (Olaf Mahlstedt); Admonter | admonter.at: 150; Adolf Bereuter: 17, 159 o. (Georg Bechter Architektur); 18, 161 u. (Innauer Matt Architektur); Alexandra Bub: 13 u. (BUB architekten bda); Aloys Kiefer: 170-173 (Ulrike Broocks Architektur); Annerose Schatter: 10 u. (Wilfried Trabold Architektur); Archiv DAS HAUS: 10 o.li.; 41; 2.v.o.re.; At Home Publishers: 155 re.; © Austrotherm: 134 u.re.; Ben Decker/atelier 522: 146-149 (architektS); Bernhard Müller: 95 (werk A architektur); bildraum|west wiebke wollner: 96-99 (Atelier Fischer Architekten); Brigida Gonzalez: 165 u. (Biehler Weith Architekten); Buderus: 131 u.li.; Cabot Corporation: 134 o.li.; Casalgrande Padana: 154 li.; Christian Richters: 12 (Titus Bernhard Architekten); Christian Rose: 16 o. re. (Wiewiorra Hopp Schwark Architekten); DAS HAUS: 157 (Jürgen Kirchner); Dautfest Fotografie: 16 o.li. (Viktor Filimonow Architekt); DEUTSCHE ROCKWOOL: 135 o.re.; Die Holzverbindung GmbH, Langenhagen: 161 o.; Eichinger + Schöchlin Architekten: 165 o.; Erich Spahn, Regensburg: 63 u., 68-69, 71 (Berschneider & Berschneider Architekten); 142-145 (Energie PLUS Haus Prof. Fisch, Leonberg; Berschneider & Berschneider Architekten); FingerHaus GmbH: 45 li.; Fotostudio A: 82-85 (Lakritz Architektur); Georg Bechter: 159 u. (Georg Bechter Architektur); Günther Reger: 90-93, 94 li. (werk A architektur); Hans Engels: 11 (Hild und K Architekten); HARO - Hamberger Flooring GmbH & Co. KG: 151 o.; Herbert Stolz: 62-67; 70 (Fabi Architekten); isofloc: 135 u.re.; iStock.com: U1 u. (Deklofenak); 38-39 (cinoby); 73 (sebastiaanblockmans); 76 (Ridofranz); 79 (BrianAJackson); 81 o.li. (istankov); 81 u.li. (lovro77); 81 re. (Kerkez); IVPU – Industrieverband Polyurethan-Hartschaum e. V.: 134 u.li.; JAB TEPPICHE HEINZ ANSTOETZ KG: 153 o.; Jacob & Spreng Architekten: 105, 107; © Jan Bitter: 19 li. (Lüling Sauer Architekten, Berlin); Jens Gerhard Schnabel: 9 (4Architekten GbR); Johannes Kottjé: 13 o. (vonMeierMohr Architekten); 153 u.; 163 (Mißfeldt Kraß Architekten); Klaus Meier-Ude: 10 o.re. (Eugen Söder Architektur); KS-ORIGINAL GMBH: 164 m. (Sabine Freudenberger); Lignotrend: 160; LUXHAUS: 45 re.; Markus Traub: U4, 124-127 (F8 büro für architektur); 46-49, 118-123 (Architekturwerkstatt Gmeiner Habermeyer Huber); 56-61 (SoHo Architektur); 86-88, 89 li. (moosmang architekten); 114-117 (bogevischs buero architekten); 136-141 (schaller + sternagel architekten); MEISTER/www.meister.com: 155 li.; Michael Christian Peters: U1, 108-113 (Jacob & Spreng Architekten); 89 re. (moosmang architekten); © NIBE 2017: 130; © PARADIGMA: 129 o.li.; © paul ott photografiert: 162 (Caspar und Wichert Architekten); Photowall: 154 re.

(Design: Emelie Leijo); © Poraver Blähglas, Dennert Poraver GmbH: 135 2.v.o.li.; Rainer Mader: 8, 15 u., 26-29 (Denzer & Poensgen Architektur); Rathscheck Schiefer: 152 re.; Rene Kersting: 30-35 (Lemmens Architekten); RIKA Innovative Ofentechnik GmbH, www.rika.at: 129 o. re.; SAINT-GOBAIN ISOVER G+H AG, Ludwigshafen: 134 o.re.; 135 o.li.; Schlagmann Poroton: 164 u.; Shutterstock.com: 2-3 (Halfpoint); 43 (goodluz); 135 2v.u.re. (rsooll); 135 u.li. (Federico Rostagno); Simone Ottinger: 37; Susanne Putzmann/ps-design: 50, 53 o., 54-55 (dma deckert mester architekten); Tobias Wille: 16 u. (Wiewiorra Hopp Schwark Architekten); tretford Teppich: 151 u.; Victor S. Brigola Photography: 51-52, 53 u. (dma deckert mester architekten); Viessmann Werke: 131 o.; Villgrater Natur Produkte: 135 2.v.u.li.; werk A architektur: 94 re.u. (werk A architektur); WOLF: 128; 129 u.; Wolfram Otlinghaus: 166-169 (Schaudt Architekten); Woodworker-Küchen und VIA Zementmosaikplatten: 152 li.; www.frankhuelsboemer.de: 40; Xella Group: 164 o. © Zehnder Group: 131 u. re.; Zooey Braun: 15 o., 20-25 (schleicher.ragaller freie architekten bda);

TEXTNACHWEIS

alle Texte: Karin Jung

mit folgenden Ausnahmen
S. 8 Was bleibt, was ist zeitlos
S. 14 Von Raum zu Raum
S. 104 Wie lese ich einen Grundriss?
S. 42 Mit wem bauen?
S. 160 Materialien für Konstruktion und Fassade
Gunnar Brand

S. 100 Wer macht was beim Bauen
Mona Grosche

S. 36 Welches Haus passt zu mir?
S. 128 Heizsysteme
S. 132 Dämmung
S. 150 Materialien für den Innenraum
S. 156 Gesünder wohnen, Schadstoffe vermeiden
Eva Kahl

S. 72 Was kostet mein Haus?
Wolfgang Mandl

S. 40 Wie finde ich Baugrund?
Louis Saul

S. 177 Die Baufinanzierung
Noelani Waldenmaier

IMPRESSUM

Sollte diese Publikation Links auf Webseiten Dritter enthalten, so übernehmen wir für deren Inhalte keine Haftung, da wir uns diese nicht zu eigen machen, sondern lediglich auf deren Stand zum Zeitpunkt der Erstveröffentlichung verweisen.

MIX
Papier aus verantwortungsvollen Quellen
FSC® C112556

Verlagsgruppe Random House
FSC® N001967

Das vorliegende Buch entstand in Zusammenarbeit mit der Redaktion »DAS HAUS«, Chefredaktion Gaby Miketta, Internet Magazin Verlag GmbH, Arabellastraße 23, 81925 München, ein Unternehmen von BurdaHome.

1. Auflage © 2017
Deutsche Verlags-Anstalt, München
in der Verlagsgruppe Random House GmbH, Neumarkter Straße 28, 81673 München

Grafische Gestaltung und Layout:
Susanne Hermann/DVA
Einbandgestaltung:
Atelier Schug, München
Lithografie:
Helio Repro, München
Druck und Bindung:
DZS Grafik, Slowenien

Printed in Slovenia
ISBN 978-3-421-04082-4

www.dva.de